一米阳光

One meter of sunlight

十年精选句集

吉昊 编著

台海出版社

图书在版编目（CIP）数据

一米阳光 / 吉昊编著 . -- 北京 : 台海出版社，
2025. 1. -- ISBN 978-7-5168-4078-8

Ⅰ . B84-49

中国国家版本馆 CIP 数据核字第 2024EB5778 号

一米阳光

编　著：吉　昊

责任编辑：赵旭雯
封面设计：曹柏光

出版发行：台海出版社
地　　址：北京市东城区景山东街 20 号　　邮政编码：100009
电　　话：010-64041652(发行、邮购)
传　　真：010-84045799(总编室)
网　　址：www.taimeng.org.cn/thcbs/default.htm
E - mail：thcbs@126.com

经　　销：全国各地新华书店
印　　刷：三河市金兆印刷装订有限公司
本书如有破损、缺页、装订错误，请与本社联系调换

开　　本：880 毫米 ×1230 毫米　　　1/32
字　　数：150 千字　　　　　　　　印　张：7
版　　次：2025 年 1 月第 1 版　　　印　次：2025 年 1 月第 1 次印刷
书　　号：ISBN 978-7-5168-4078-8

定　　价：49.80 元

每个人的生命，皆由上苍以巧手雕琢，留下一道独特的缺口，如同月之盈亏，如影随形，即便心有不愿，亦难逃宿命之约。世人皆盼此生圆满无缺，然世事如织，阴晴圆缺，交相辉映，方显人生百态。细品之下，人生本就如此。

往昔扑满，皆为陶土之躯，一旦盈满铜钱，便遭破碎命运。而有一只扑满，空空如也，历经岁月沧桑，至今仍完好无损，竟化身珍贵古董，熠熠生辉。宁静独立的它，仿佛在低语，有时，空无亦是一种成全，留白之处，更显生命韵味。

人生如戏，各有悲喜交集。你只道他人台前风光无限，却不知其幕后辛酸泪满；你哀叹自己命运多舛，却不知他人亦在仰望你的星光璀璨。故而，与其欣羡他人之好，不如细数上天予以我们的恩泽。便会发现，自己所拥有的，远比缺失更丰盈。那生命中的缺口，虽令人扼腕，却也是独特印记。接纳它，珍视它，我们的人生将因此而更加豁达欢愉。

人生似海，潮起潮落，生生不息。世人或许会笑你、会讽你、会责你，但那正是我们的个人英雄主义。在墨染深渊仰望一米阳光，悬崖绝壁也能开出馨香的花来。

阅卷有香。《一米阳光》，直面命运的晦暗与无常，解密人性的驳杂与荒唐。

写给那些与过往不断内耗的人，致敬我们人生中的那些不可言说。

本书收录1500余条触心文案，有迷茫、有疗愈、有成长，有温暖、有人性、有力量。

它凝聚了人生智慧的精髓，是深邃思想的璀璨结晶，犹如冬日暖阳，温柔地拂过心田，让人在瞬间明了世事，豁然开朗；又似号角激扬，鼓舞人心，催人奋进，引领我们避开生活的曲折小径，勇往直前。

它不仅蕴含着生活的微妙启示，指引我们在纷繁复杂的世界中洞察真谛，明智处世，成为清醒而睿智的行者；更是写作、演讲、社交、人生规划等多方面的宝贵指南，随时提供灵感与策略，助你在人生的各个舞台上游刃有余。

这些精美文案，是对生活哲学的深情诠释，是对爱之真谛的深刻领悟，亦是对生命价值不懈探索的火花。每一句话语，都能成为心灵的灯塔，调整我们的心态，驱散内心的阴霾，在实现自我疗愈的同时，也将温暖传递给同样在风雨中前行的他人。对于那些在人生旅途中迷失方向、因生活磨砺而心伤、对情感世界充满疑惑，或在职业与日常中失去希望的灵魂，或许正是某一句话语，能如晨曦初照，穿透迷雾，让人们重新点燃对生活的热爱与希望，勇敢地在人生的征途上继续前行。

目录
Contents

01

路口

Intersection

我们在迷茫中向往，也在迷茫中成长

走好选择的路，别选择好走的路。

无论人生走到哪一层台阶，阶下有人仰望你，阶上有人俯视你。

你抬头自卑，低头自得，唯有平视，才能看见真正的自己。

不必纠结过往，也不必忧虑未来，人生没有无用的经历。

有许多时刻，你惊心动魄，而世界一无所知；你翻山越岭，而大地寂静无声。

——《人民日报》

总之岁月漫长，然而值得等待。

——村上春树

甘苦与共，是浮生茶，也是人生路。

——裟椤双树《浮生物语》

不乱于心，不困于情，不畏将来，不念过往，如此，安好。

——丰子恺《无宠不惊过一生》

昨日之深渊，今日之浅谈。

——永井荷风

成长无非大醉一场，勇敢的人先干为敬。

——吴惠子《吃肉喝酒飞奔》

在路上，永远年轻，永远热泪盈眶。

—— 杰克·凯鲁亚克《在路上》

灯会一盏一盏亮起来，路会一点一点走平坦，手中的花也会一朵接一朵地绽开，不要急，人生的好运正在慢慢来，你只管好好爱自己。

——佚名《德卡先生的信箱》

人的一生就是一个修行的过程，从任何一个时候，你开始发现岁月的可贵，从那一瞬间开始，抓住时间，好好地度过自己每一天。

如果命运是世界上最烂的编剧，你就要争取做你自己人生最好的演员。

——撒贝宁

每个人都想要安全感，都用各种方法想要得到安全感，可无论我们多么努力，无论我们拥有多少，到头来还是觉得没有安全感。唯有当你认清世间一切事物都是无常的事实，你才明白，安全感从来无法外求，也从来不在这世界以外，它是你内心世界的平安。

——张小娴

有时候，你恐惧某件事情，在脑子里把这件事情想了千遍万遍，几乎想死自己，当事情真的发生了，原来并没你想象的那么可怕，但你已经被恐惧折磨得死去活来，这有多笨啊。人们总说现实残酷，心中的种种妄想又何尝不残酷？

——张小娴

不要总是活在过去的懊悔与未来的不确定之中，对自己好一些，也对自己宽容一些，活好每一个当下吧。活好现在，就是修正过去，就是确定未来。

——张小娴

走好选择的路，别选择好走的路，你才能拥有真正的自己。

——杨绛

每个人，都有过噩梦的经历吧，谁都不会因为一场噩梦而真的从此抗拒睡眠。而且，没有谁真正会对他人的噩梦感兴趣，耿耿于怀的，只能是自己。你这场噩梦，当个警钟就行了。

——莫言《丰乳肥臀》

在沉默中努力，让成功自己发声。你知道你能做到，别人觉得你也许可以做到，那么，少废话，做到再说，其他的怨气都是虚妄。自己没有展露光芒，就不应该怪别人没有眼光。

——韩寒

在这人世间，有些路是非要单独一个人去面对，单独一个人去跋涉的，路再长再远，夜再黑再暗，也得独自默默地走下去。

——席慕蓉

我们若已经接受最坏的事情了，便不会再有什么损失，你看看，这个地方对我们来说，已经是最坏的了，所以接下来，我们将面临的是一连串的好。

——佚名《春风十里，不如你》

幸福是养自己心的，不是养人家眼的。

——麦家《人生海海》

人生如海，起起伏伏，在生活里受苦才是常态，而认清了本质依然活下去，那才是人生的至高境界。

——麦家《人生海海》

原来大家的命运都一样，如同在不断颠簸摇摆的大海上。但是即使在这样满是消磨、笑柄、罪过的人生之海上，依然有人成为英雄。

——麦家《人生海海》

世上只有一种英雄主义，就是在认清了生活真相后，依然热爱生活。

——罗曼·罗兰

我是我印象的一部分，而我的全部印象才是我。

——史铁生《务虚笔记》

不要睡去，不要。亲爱的，路还很长，不要靠近森林的诱惑，不要失掉希望。

—— 顾城《回归》

如果此时此处看不到希望，那就把视野放到远方。

——小沃尔特·M.米勒《莱博维茨的赞歌》

前途很远，也很暗。然而不要怕。不怕的人的面前才有路。

——鲁迅

所有成功人士都有目标。如果一个人不知道他想去哪里，不知道他想成为什么样的人、想做什么样的事，他就不会成功。

——诺曼·文森特·皮尔

对待生命，你不妨大胆一点，因为我们始终要失去它。

—— 弗里德里希·威廉·尼采

把生活的素质提高，今天活得比昨天快乐，明天又要比今天快乐，仅此而已，这就是人生的意义，活下去的真谛。

——蔡澜

真正的自由不是你想做什么就做什么，而是你不想做什么就不做什么。

——伊曼努尔·康德

你能在浪费时间中获得乐趣，就不是浪费时间。

——伯特兰·阿瑟·威廉·罗素

一个人如能让自己经常维持像孩子一般纯洁的心灵，用乐观的心情做事，用善良的心肠待人，光明坦荡，他的人生一定比别人快乐得多。

——罗曼·罗兰

你是知道的，在万千花朵里把春天找出来，需要怎样的虔诚。

——余秀华

真正的快乐，就是喜欢就争取，得到就珍惜，失去就放下。人越自立，人生就会更快乐。

——季羡林

天下的事，没有突变的，只有我们智慧不及的时候，才会看到某件事是突变的，其实早有一个前因潜伏在那里。

——南怀瑾

焦虑的原因就两条：想同时做很多事，又想立即看到效果。

——周岭《认知觉醒》

我的经验是，碰到任何困难都要赶快往前走，不要欣赏让你摔倒的那个坑。

——黄永玉

生命是什么呢？
生命是时时刻刻不知如何是好。

唯有平视，才能看见真正的自己。

—— 杨绛

征服你自己，而不是去征服世界。

——勒内·笛卡尔

当我真正开始爱自己，我才认识到，所有的痛苦和情感的折磨，都只是在警告我：我的生活违背了自己的本心。

——查理·卓别林《当我真正开始爱自己》

人间的事，只要生机不灭，即使重遭天灾人祸，暂被阻抑，终有抬头的日子。

——丰子恺

请不要自我设限，真正

好的人生态度，是现在就做，不等、不靠、不懒惰。

——小野《改变力》

走运时，要想到倒霉，不要得意过了头；倒霉时，要想到走运，不必垂头丧气。心态始终保持平衡，情绪始终保持稳定，此亦长寿之道也。

—— 季羡林《走运与倒霉》

话是空的，人是活的；不是人照着话做，是话跟着人变。

——钱锺书《围城》

过日子是过以后，不是过从前。

—— 刘震云《一句顶一万句》

我们每个人都在修行中生活，也在生活中修行。

——南怀瑾

现在时过境迁，一切都在好转，那又何必用今日的春风去祭奠昨日的萧瑟。

——刘同《向着光亮那方》

把每一天安排好，就是对人生负责任。想得太多，没有任何意义。

——周桦《褚时健传》

大胆去做，不要怕！我们不过是宇宙里的尘埃、时间长河里的水滴。所以，没有人在乎。就算有人在乎，人又算什么东西。

——威廉·萨默塞特·毛姆

对未来的真正慷慨，是把一切献给现在。

——阿尔贝·加缪《反抗者》

你站在桥上看风景，看风景的人在楼上看你。明月装饰了你的窗子，你装饰了别人的梦。

——卞之琳

种子破土发芽前没有任何的迹象，是因为没到那个时间点。只有自己才是自己的拯救者。

——卡尔·荣格

力量对抗力量，蔑视对抗蔑视，而爱只会与爱相随。让人性有尊严，相信人生能找到更好的路。

——卡尔·荣格

人生，一站有一站的风景，一岁有一岁的味道。

——稻盛和夫

你的年龄应该成为你生命的勋章，而不是你伤感的理由。

——稻盛和夫

无人问津也好，技不如人也罢，你都要试着安静下来，去做自己该做的事情，而不是让烦恼和焦虑，毁掉你本来就不多的热情和定力。

——余华

心可以碎，手不能停，该干什么干什么，在崩溃中继续前行，这才是一个成年人该有的素养。

——余华

要紧的是果敢地迈出第一步，对与错先都不管，自古就没有把一切都设计好再开步的事。

——史铁生

别想把一切都弄清楚再去走路，鲁莽者要学会思考，善思者要克服的是犹豫。

——史铁生

目的可求完美，举步之际无须周全。

——史铁生

每一个人都有一个觉醒期，但觉醒的早晚，决定着一个人的命运。

——路遥《平凡的世界》

我是一个平凡的人，但一个平凡的人也能过得不平凡。

——路遥《平凡的世界》

不幸的是，你知道得太多了，思考得太多了，因此才有了这种不能为周围人所理解的苦恼。

——路遥《平凡的世界》

我们原是自由飞翔的鸟，飞到那乌云背后明媚的山峦，到那蓝色的海角，只有风在荒芜，还有我做伴。

——路遥《平凡的世界》

人生可悲的事情，莫过于胸怀大志却又虚度时光，聪明不足却又习惯拖延，学历不高又不努力，不满意自己又自我安慰。

——路遥《平凡的世界》

连伟人的一生都充满了那么大的艰辛，一个平凡的人吃点苦又算得了什么呢。

——路遥《平凡的世界》

这个世界上，没有什么比叫醒自己更加困难的事情了，想要什么，你真的要去付出，能自律地坚持下去，都会变成你蜕变的奇迹。

——路遥《平凡的世界》

黄河水总有清的一天，人不能穷一辈子。

——路遥《平凡的世界》

哭和笑都是因为欢乐，但哭的人知道，而笑的人并不知道，这欢乐是用多少痛苦换来的。

——路遥《平凡的世界》

其实，我们每个人的生活都是一个世界，即使最平凡的人，也要为他生活的那个世界而奋斗。

——路遥《平凡的世界》

收起你的懦弱，摆出你的霸气，在你跌倒的时候没人扶你，多的是看你笑话的人！

——王朔

你要搞清楚自己人生的剧本，你不是你父母的续集，不是你子女的前传，更不是你朋友的外篇。

——弗里德里希·威廉·尼采

在人的一生中，最为辉煌的一天，并不是功成名就的那天，而是从悲叹和绝望中，产生对人生挑战的欲望，并且勇敢地迈向这种挑战的那一天。

——居斯塔夫·福楼拜

往外看的人在做梦，向内审视的人才清醒。

——卡尔·荣格

生命中最难的阶段，不是没有人懂你，而是你不懂你自己。

——弗里德里希·威廉·尼采

当下的糟糕，也只是黎明前短暂的黑暗，所有经历的苦难，都会是未来惊喜的伏笔。

——董宇辉

雾失楼台，月迷津渡。

花会沿路盛开，我们未来的路，也是山有顶峰，湖有彼岸，在人生漫漫长途中，万物皆有回转，当我们觉得余味苦涩，请你相信，一切终有回甘。

——董宇辉

在这风华正茂的年纪里，我们一定要成为玫瑰吗？不！这仅仅是一项选择，我们也可以是岁岁枯荣，生生不息的野草，定好目标，然后静下来沉淀，努力成为更好的人。

——董宇辉

向未来张望的时光，或许孤独而漫长，但是尽管大步向前走，走到灯火通明，走到春暖花开，苦尽甘来。

——董宇辉

水到绝境是瀑布，人到绝境是重生。

——稻盛和夫

半山腰总是挤的，你得努力去山顶看看。

——董宇辉

真正的强者，总是在夜深人静的时候，把心掏出来，再缝缝补补，睡一觉醒来又是信心百倍。

——余华

活着，就应该逢山开路，遇水架桥，睡前原谅一切，醒来便是重生。

——董宇辉

这个世界上根本没有正确的选择，我们只不过是要努力奋斗，使当初的选择变得正确。

——树上春树

圆规为什么可以画圆？因为脚在走，而心不变。你为什么不能圆梦？因为心不定，脚不动。

——佚名

放弃和认命是一条没有尽头的下坡路。在任何一个你没有觉察的时刻，包括现在，通过行动去改变命运的机会，一直都存在。

——张桂梅

我这个人走得很慢，但是我从不后退。

——亚伯拉罕·林肯

走得最慢的人，只要他不丧失目标，也比漫无目的地徘徊的人走得快。

——莱辛

人心中都有盏灯，强者经风不熄，弱者随风即灭。

——钱锺书

一只站在树上的鸟，从不怕树枝折断，因为它不是相信树枝多坚硬，它只是相信它自己的翅膀。

——佚名

抱怨身处黑暗，不如提灯前行。

——刘同

昨天再好，我们已经无法回去；明天再难，我们也要继续前行。

——杨绛

不管什么事，决定了就立刻去做，这本身就能使人生气勃勃，保持一种主动和快乐的心情。

——史铁生

一个人不该过分自省，这会使他变得软弱。理智的做法，只有在做很小的决定时才有效，至于改变人生的事情，你必须冒险。

——珍妮特·温特森

意义非凡的事情总是碰巧发生，只有不重要的事才有周全的计划。

——珍妮特·温特森

无人扶我青云志，我自踏雪至山巅，倘若命中无此运，孤身亦可登昆仑。

——王东来

所有纠结做选择的人心里早就有了答案，咨询只是想得到内心所倾向的选择。

——东野圭吾

无论天空如何阴霾，太阳一直都在，不在这里，就在那里。

——丁立梅

生活不可能像你想象的那么好，但也不会像你想象的那么糟。

——居伊·德·莫泊桑《羊脂球》

一个人只有在独处时才能成为自己。谁要是不爱独处，那他就不爱自由，因为一个人只有在独处时才是真正自由的。

——阿图尔·叔本华

一个不成熟的人的标志是他愿意为了某个理由轰轰烈烈地死去，而一个成熟的人的标志是他愿意为了某个谦恭的理由活着。

——杰罗姆·大卫·塞林格《麦田里的守望者》

天亮之前有一段时间是非常暗的，星也没有，月亮也没有。

——茅盾《子夜》

满地都是六便士，他却抬头看见了月亮。

——威廉·萨默塞特·毛姆《月亮与六便士》

所有的大人都曾经是小孩，虽然，只有少数的人记得。

——安托万·德·圣-埃克苏佩里《小王子》

尽量地学习、尽量地经历、尽量地旅游、尽量地吃好东西，人生就比较美好一点，就这么简单。

——蔡澜

只要我能拥抱世界，那拥抱得笨拙又有什么关系。

——阿尔贝·加缪

有些事情也不知道怎么就这样熬过来了，回想起来，倒也对自己多了一份敬意。

——朱德庸

生活中即使有更多的恶，也要相信有更多的善。

——查尔斯·狄更斯《雾都孤儿》

其实人跟树是一样的，越是向往高处的阳光，它的

根就越要伸向黑暗的地底。

——弗里德里希·威廉·尼采

千万不要忘记：我们飞翔得越高，我们在那些不能飞翔的人眼中的形象越是渺小。

——弗里德里希·威廉·尼采

谁终将声震人间，必长久深自缄默；谁终将点燃闪电，必长久如云漂泊。

——弗里德里希·威廉·尼采

对待生命，你不妨大胆一点，因为我们始终要失去它。

——弗里德里希·威廉·尼采

一个人知道为什么而活，便可以忍受任何一种生活。

——弗里德里希·威廉·尼采

在世人中间不愿渴死的人，必须学会从一切杯子里痛饮；在世人中间要保持清洁的人，必须懂得用脏水也可以洗身。

——弗里德里希·威廉·尼采《查拉图斯特拉如是说》

如果一听到一种与你相左的意见就发怒，这表明，你已经下意识地感觉到你那种看法没有充分理由。如果某个人硬要说二加二等于五，你只会感到怜悯而不是愤怒。

——伯特兰·阿瑟·威廉·罗素

夜晚我用呼吸，点燃星辰。

与恶龙缠斗过久，自身亦成为恶龙；凝视深渊过久，深渊将回以凝视。

——弗里德里希·威廉·尼采

如果你独处时感到寂寞，这说明你没有和你自己成为好朋友。

——让-保罗·萨特

无论你从什么时候开始，重要的是开始后就不要停止。无论你从什么时候结束，重要的是结束后就不要悔恨。

——柏拉图

人生的态度是，抱最大的希望，尽最大的努力，做最坏的打算。

——柏拉图

每天反复做的事情造就了我们，然后你会发现，优秀不是一种行为，而是一种习惯。

——亚里士多德

我并不期待人生可以过得很顺利，但我希望碰到人生难关的时候，自己可以是它的对手。

——阿尔贝·加缪

我们一直推迟我们知道最终无法逃避的事情，这样的愚蠢行为是一个普遍的人性弱点，它或多或少都盘踞在每个人的心灵之中。

——塞缪尔·约翰逊

使人疲惫的不是远方的高山，而是鞋子里的一粒沙子。

——伏尔泰

真正的爱，在放弃个人的幸福之后才能产生。人类最大的悲剧不是死亡，而是没有掌握有意义的人生。

——列夫·托尔斯泰

凡是过往，皆为序章。

——威廉·莎士比亚《暴风雨》

我们制造了自己的荆棘丛，而且从不停下计算其代价。我们所做的一切就是忍受痛苦的煎熬，并且告诉自己，这非常值得。

——考琳·麦卡洛《荆棘鸟》

生活得最有意义的人，并不就是年岁活得最长的人，而是对生活最有感受的人。

——让－雅克·卢梭

年轻人，你的职责是平整土地，而非焦虑时光。你做三四月的事，在八九月自有答案。

——余世存《时间之书》

没有相当程度的孤单，不可能有内心的平和。

——阿图尔·叔本华

人们往往把任性也叫作自由，但是任性只是非理性的自由，人性的选择和自决都不是出于意志的理性，而是出于偶然的动机以及这种动机对感性外在世界的依赖。

——格奥尔格·威廉·弗里德里希·黑格尔

如果世间真有这么一种状态：心灵十分充实和宁静，既不怀恋过去也不奢望将来，放任光阴的流逝而仅仅掌握现在，无匮乏之感也无享受之感，不快乐也不忧愁，既无所求也无所惧，而只感受到自己的存在，处于这种状态的人就可以说自己得到了幸福。

——让－雅克·卢梭

要记住，人之所以走入迷途，并不是由于他的无知，而是由于他自以为知。

——让－雅克·卢梭

我来到这个世界，为的是看太阳和蔚蓝色的原野。我来到这个世界，为的是看太阳和连绵的群山。我来到这个世界，为的是看大海和百花盛开的峡谷。

——康斯坦丁·德米特里耶维奇·巴尔蒙特

愿意的人，命运领着走；不愿意的人，命运拖着走。他忽略了第三种情况：和命运结伴而行。

——吕齐乌斯·安涅·塞涅卡

你需要经常在口袋里装上两张纸条。一张写着"我只是一粒尘埃"；另一张则写着"世界为我而造"。

——犹太谚语

读史使人明智，读诗使人灵秀，数学使人周密，科学使人深刻，伦理学使人庄重，逻辑修辞使人善辩，凡有所学，皆成性格。

——罗杰·培根

我愿意深深地扎入生活，吮尽生活的骨髓，过得扎实、简单，把一切不属于生活的内容剔除得干净利落，把生活逼到绝处，用最基本的形式，简单，简单，再简单。

——亨利·戴维·梭罗

时间决定你会在生命中遇见谁，你的心决定你想要谁出现在你的生命里，而你的行为决定最后谁能留下。

——亨利·戴维·梭罗

从今以后，别再过你应该过的人生，去过你想过的人生吧！

——亨利·戴维·梭罗

昨日种种，皆成今我，切莫思量，更莫哀，从今往后，怎么收获，怎么栽。

——胡适

人生的意义不在于何以有生，而在于自己怎么生活。你若情愿把这六尺之躯葬送在白昼做梦之上，那就是你这一生的意义。你若发愤振作起来，决心去寻求生命的意义，去创造自己的生命的意义，那么你活一日便有一日的意义，做一事便添一事的意义，生命无穷，生命的意义也无穷了。

——胡适

当你为错过太阳而哭泣的时候，你也要再错过群星了。

——拉宾德拉纳特·泰戈尔

浮生若梦，若梦非梦。浮生何如？如梦之梦。

——庄周

志在顶峰的人，绝不会因留恋半山腰的奇花异草，而停止攀登的步伐。

——马克西姆·高尔基

世上没有绝望的处境，只有对处境绝望的人。

——费洛姆

一个人应养成信赖自己的习惯，即使在最危急的时候，也要相信自己的勇敢与毅力。

——拿破仑·波拿巴

前途并不属于那些犹豫不决的人，而是属于那些一旦决定之后，就不屈不挠不达目的誓不罢休的人。

——罗曼·罗兰

人生最终的价值在于觉醒和思考的能力，而不只在于生存。

——亚里士多德

最好的人生，不是一马平川没有障碍，而是跨过或者绕过路障继续向前；最好的际遇不是不受伤，而是带着伤口依然愿意奔跑。

——刘强东

别贪心，你不可能什么都拥有；别灰心，你不可能什么都没有。

——弘一法师

人生嘛，既是一场灵魂的修炼，也是一场红尘的盛宴，在俗世中保持清醒，在独行中升华灵魂，生一颗欢喜之心，慢度烟火日常。

——佚名

一定要爱着点什么，
恰似草木对光阴的钟情。

有些人注定就是负重前行，就像乌龟和蜗牛不能没有壳一样，他们可以很慢，但他们可以很坚定，压力让他们痛苦，但压力让他们坚定，痛苦的人才深刻，深刻的人才坚定。

——佚名

生活总是欺骗你，它对你说你不行，试图将你打败，而你要做的就是振作起来，证明生活错了。那些杀不死你的，只会让你更强大，你落的泪、熬的夜、咬紧的牙关和死撑的倔强，最后都会让你涅槃重生。

——佚名

我们可以转身，但是不必回头，即使有一天发现自己错了，也应该转身，大步朝着对的方向去，而不是一直回头怨自己错了。

——佚名

抑郁是因为你活在过去，焦虑是因为你活在未来，唯有平静，才能说明你活在现在。

——季羡林

耐得住寂寞很重要，答案都在时间里，耐心是生活的关键。

——佚名

理想和现实差了十万八千里，我鞭长莫及，却也马不停蹄。

——佚名

伸手摘星，即便一无所获，也不至于满手污泥。

——佚名

悲观者永远正确，而乐观者永远前行。

——佚名

难得来这个世上走一回，努力才能够扭转你的人生。

——佚名

我们都生活在阴沟里，依然有人仰望星空。

——佚名

即便明天是世界末日，今夜我也要在园中种满莲花。

——佚名

问题如果有办法解决就不必担心，如果没有办法解决担心也没有用。

——佚名

成熟的人不问过去，睿智的人不问现在，豁达的人不问未来。

——佚名

不是只有自己在失去，不是只有自己在衰老，不是只有你在经历挫折，没有安全感，对吗？所有人都一样。

——佚名

不管你的生活多么卑微，都要投身其中，好好过你的生活，热爱你的生活。

——佚名

人生百年转瞬即逝，倘若这一生虽然有遗憾，但是无悔，虽然有不足，但是无愧，虽然有缺失，但是无爱，足矣。

——佚名

是非审之于己，毁誉听之于人，得失安之于数。

——佚名

你得学会过自己的生活，安顿好自己的每一天，活得稍微洒脱一点，充满活力和爱心地来应对生活，你的生活就乘风破浪。

——佚名

我们以为自己是生活的故障检修员，整天一副严阵以待的样子。顺境如此，逆境就更加可怜。要学会对自己宽容。

——佚名

春天的时候，穷人门前的雪，也和富人门前的雪同时消融。

——佚名

死生有命，富贵在天，就是一个人你担心什么东西没有用，这些东西由天命决定，天命给你的有多少你就有多少，操心也没用。

——佚名

映照在贫民窟的窗口上的夕阳，和富人的窗口上的夕阳一样明亮。

——佚名

减少不切实际的欲望和贪婪，果断割舍那些阻碍我们前进的人和事，优化自身的能量场，专注于自己的道路，好运自然会在前方等待。

——佚名

当人从苦痛中觅得突破，便是人生升华之时，正如烈

春天的时候，穷人门前的雪，
和富人门前的雪同时消融。

火炼金,苦难方显强者之姿。

——佚名

只有浅薄的人相信运气和机遇，强者只相信因果。

——佚名

指南针能够把你带到南方，准确地给你一个方向，但你不能沿着指南针一直走，你会掉进沼泽地。

——佚名

无论命运把你抛在了哪一个地方,你就地展开搜索，做自己力所能及的最好的事，这就是人生最好的方向。

——佚名

只有认知的突破，才会有真正的成长。

——佚名

如果一个人知道自己为什么而活的时候，可以忍受生活加诸他的一切。

——佚名

人生的下半场，需要明白的道理很多，尤其要学会告别从前的无知和鲁莽，这不是认尿，而是一种云淡风轻的修养。

——佚名

抬头是对生活的态度，低头是对岁月的宽容。

——佚名

要始终相信，每天激励你前进的不是闹钟的响声，而是你内心的梦想，你唯一需要努力超越的，就是昨天的自己。

——佚名

只要你每天进步一点点，优于过去的自己，你便活出了属于自己的高贵姿态。

——佚名

生活就是不断吃亏，不断经历，努力做好自己，坚持自己的选择，把所有人的笑声变成掌声。

——佚名

引路靠贵人，走路靠自己，成长靠经历。

——佚名

你本一无所有，何不放手一搏？

——佚名

我们不一定非得按照世俗的惯性来生活，从一个圆心当中能够画出多少个不同的半径，人们就有多少种不同的生活方式。

——佚名

原地徘徊一千步，也抵不上迈出一步，心中想过无数次，也不如真正行动一次。

——佚名

我们永远都不知道明天和来世哪个先到，生死是难以预料的，所以我们要过好每一天。

——佚名

登山始觉天高广，到海方知浪渺茫。处高山之巅，方知万人之渺小。处群峰之上，更觉长风之浩荡。当以谦逊之心，领岁月之教诲。持虔诚之态，敬来日方长！

——佚名

一个人的世界可以很丰饶，也可以很贫乏，你的存在层次决定着你的生活。
——佚名

答案在路上，自由在风里。风吹哪页读哪页，花开何时看何时。
——佚名

一个人只要知道自己去哪里，全世界都会给他让步。
——佚名

不要为过去的时间叹息，我们在人生的道路上，最好的办法是向前看，不要回头。
——佚名

我们都曾受过伤，却有了更好的人生。
——佚名

你要想真的做一个聪明人，你就要学会保持不确定性。
——佚名

孤独之前是迷茫，孤独之后是成长。
——佚名

路虽远，行则将至。事虽难，做则可成。不积跬步，无以至千里，不积小流，无以成江海。
——佚名

生如蝼蚁，当有鸿鹄之志；命如纸薄，应有不屈之心；大丈夫身居天地间，岂能郁郁久居人下，当以梦为马，不负韶华。乾坤未定，你我皆是黑马。
——佚名

我敬佩简单的快乐，那是复杂的最后的避难所。

——佚名

慢吞吞的小孩也有自己的玫瑰海。

——佚名

怕什么真理无穷，进一寸有一寸的欢喜。

——佚名

我与旧事归于尽，来年依旧迎花开。

——佚名

漫漫长途，终有回转，余味苦涩，终有回甘。天下大事，必作于细，天下难事，必成于易。不经一番寒彻骨，怎得梅花扑鼻香？

——佚名

停在港湾的船是最安全的，但这并不是造船的目的。

——佚名

你面对诱惑的那一刻，将决定你人生的价值。

——佚名

自己是梧桐，凤凰才会来栖；自己是大海，百川才来汇聚。

——佚名

人的命就像这琴弦，拉紧了才能弹好，弹好就够了。

——佚名

如果没有改造自我并进而改造自己境遇的态度和勇气，就不能成为一个排忧解难的人。

——池田大作

首先要当个正直的人，其次要当个快乐的人。

——佚名

永远努力在你的生活之上保留一片天空。

——佚名

我思故我在，既然我存在，就不能装作不存在，无论如何，我要对自己负起责任。

——佚名

不要逃避人生，不要妄自菲薄。要拿出勇气，有进不止。

——池田大作

一个有明确目标的人，就如同手握明塔，能从容不迫，稳步前行。

——佚名

无论山峰多么高耸，只要决心攀登，终将俯瞰群山，无论铁块多么坚硬，只要付出努力，终将磨成细针。

——佚名

从此刻开始，以行动追逐梦想，就是对未来最美的期许。

——佚名

真正给你撑腰的，是手里的存款，知识的储备和做事的能力，是你心中那个打不败的自己！

——佚名

生活不是等着暴风雨过去，而是学会在暴风雨中跳舞。

——塞万提斯

你在人群中看到每一

个耀眼的人，都是踩着刀尖过来的，你如履平地般的舒服，当然不配拥有任何光芒。

——路遥

不要垂头丧气，即使失去一切，明天仍在你手里。

——王尔德

大多数的故弃，是你败给了自己，而不是命运。

——史铁生

人生下来不是为了拖着锁链，而是为了展开双翼。

——雨果

人生有风有雨是常态，风雨无阻是心态，风雨兼程是状态。

——佚名

你可以消沉，也可以抱怨，但你一定要懂得自愈，努力走过的路一定很精彩。

——佚名

人生不一定要赢，但一定不要输给从前的自己！

——佚名

有时要停，有时候也要冲，前面，还有好长的路要走，所以一定要冲，你一定行。

——佚名

把努力当成一种习惯，而不是三分钟热度，坚持才是王道。

——佚名

每一个你羡慕的收获，都是别人努力用心拼来的，你可以抱怨，也可以无视，但请记住，不努力连认输的资格都没有。

——佚名

别让今天的懒，成为明天的难，美好的东西永远不会被轻易获得。

——佚名

没有理由不前进，也没有借口不打拼，努力到无能为力，拼搏到感动自己。

——佚名

任何收获都不是偶然，日复一日地付出和努力，一点一滴的进步，终会让未来的你焕然一新。

——佚名

站在自己的角度理解别人，站在别人的角度释怀自己，允许别人做别人，允许自己做自己，保护自己最佳的方式，就是从不高估自己，在别人心里的分量，千万不要自以为是，他人的世界，你轻如鸿毛。

——佚名

字典里最值得骄傲的三个字，就是靠自己。

——佚名

学会放下才能成长，不要焦虑，立足当下，脚踏实地地去走每一步。

——佚名

如果你今天不付出努力，明天也不付出努力，那么你的人生只是在原地踏步。

——佚名

草在结它的种子，风在摇它的叶子。
我们站着，不说话，就十分美好。

雪压枝头低，虽低不着泥；一朝红日出，依旧与天齐！

——朱元璋

当你的才华撑不起你的野心时，那你就应该静下心来努力。

——佚名

当你身处逆境，不想认命，就必须拼命。当你足够优秀，才有底气告诉自己，配得上这世间所有的美好。

——佚名

胆量不够大，能力再强都是小人物，魄力不够大，努力一生都是小成就。

——佚名

在成长的路上，我们突破的不是现实，而是自己。

——佚名

在人生的跑道上，战胜对手只是赛场的赢家，战胜自己才是命运的强者。

——佚名

人生最好的作品就是自己，即使无人欣赏，也要独自绽放。

——佚名

余生站在属于自己的高度，看该看的风景。

——佚名

人生顶级的能力，就是涅槃重生，就是当所有人都觉得，你只有死路一条的时候，你还能起死回生。

——佚名

对自己要随性，对他人要随缘，看自己的景，走自己的路，念别人的好，修自己的心。心态好，一切都好，开心健康最重要。

——佚名

狼在遭受磨难的时候，不会停下脚步，而是会继续前行，因为它知道，只有坚持不懈才能克服困难。

——佚名

谁也没有永远的巅峰，

更没有永远的低谷，真正强大的不是忘记，而是接纳所有的困惑与不安，调整好自己的状态，找到前进的力量，成为更好的自己。

——佚名

愿你我历尽千帆，归来仍是少年。

——佚名

天拿走了你的晚霞，那我们就抢回来！

——今何在《悟空传》

02

接纳

Accept.

每一个黑夜，都是黎明的序章

每天演好一个情绪稳定的成年人。

有人帮你，是幸运；无人帮你，是命运；没有人应该为你

做什么，因为命是你自己的，你得为自己负责。

心中若有桃花源，何处不是水云间。

许多的苦痛是你自择的。

——托·坎贝尔

真正的平静，不是避开车马喧嚣，而是在心中修篱种菊。

——林徽因

你担心什么，什么就控制你。

——约翰·洛克

失望，有时候也是一种幸福，因为有所期待所以才会失望。因为有爱，才会有期待，所以纵使失望，也是一种幸福，虽然这种幸福有点痛。

——张爱玲

人一旦悟透了，就会变得沉默。不是没有与人相处的能力，而是没有了逢人做戏的兴趣。

——佚名

情绪的尽头不是发泄，而是沉默，不想再去质问，态度足以证明一切，人该有多失望才会选择闭口不言，原来情绪到点了真的可以沉默，一句话都不想说，保留沉默的权利，这是心疼自己最后的方式。

——佚名

娶了红玫瑰，久而久之，红玫瑰就变成了墙上的一抹蚊子血，白玫瑰还是"床前明月光"；娶了白玫瑰，白玫瑰就是衣服上的一粒饭渣子，红的还是心口上的一颗朱砂痣。

——张爱玲《红玫瑰与白玫瑰》

很多我们以为一辈子都不会忘记的事情，就在我们念念不忘的日子里，被我们遗忘了。

——张爱玲

我们的需要越少，我们越近似神。

——苏格拉底

人生碌碌，竞短论长，却不道荣枯有数，得失难量。

——沈复《浮生六记》

从来如此，便对吗？

——鲁迅《狂人日记》

不是因为身处何处、何种情境，而是因为精神世界，让人或高兴或悲伤。

——罗杰·莱斯特兰奇

记住该记住的，忘记该忘记的。改变能改变的，接受不能改变的。

——杰罗姆·大卫·塞林格《麦田守望者》

生活是一面镜子，你对它笑，它就对你笑；你对它哭，它也对你哭。

——威廉·梅克比斯·萨克雷

你有你的路。我有我的路。至于适当的路，正确的路和唯一的路，这样的路并不存在。

——弗里德里希·威廉·尼采

把你的脸迎朝阳光，那就不会有阴影。

——柏拉图

当一个人了解别人的痛苦时，他自己一定也已经饱尝痛苦了。

做好现在你能做的，然后，一切都会好的。我们都将孤独地长大，不要害怕。

——寂地

我想成为温柔的人，因为曾被温柔的人那样对待，深深了解那种被温柔以待的感觉。

——村井贞之《夏目友人帐》

微笑着，去唱生活的歌谣。不要抱怨生活给予了太多的磨难，不必抱怨生命中有太多的曲折。

——史铁生

很多东西如果不是怕别人捡去，我们一定会扔掉。

——奥斯卡·王尔德《道林·格雷的画像》

只有经历过地狱般的磨砺，才能练就创造天堂的力量；只有流过血的手指，才能弹出世间的绝响。

——拉宾德拉纳特·泰戈尔

为了自己，我必须饶恕你。一个人，不能永远在胸中养着一条毒蛇；不能夜夜起身，在灵魂的园子里栽种荆棘。

——奥斯卡·王尔德

人生最遗憾的，莫过于轻易地放弃了不该放弃的，固执地坚持了不该坚持的。

——柏拉图

敢于世上放开眼，不向人间浪皱眉。

——陆绍珩

要有翻篇的能力，不依不饶就是画地为牢。这个世界没有真正快乐的人，只有想得开的人，要永远相信，所有的山穷水尽都藏着峰回路转。

——莫言

生不如意事常八九，当镇定精神，苦中寻乐；若处处拘泥，徒劳脑力，无济于事，适自苦耳。

——弘一法师

假如生活欺骗了你，不要忧郁，也不要愤慨！不顺心的时候暂且容忍：相信吧！快乐的日子就会到来。

——亚历山大·谢尔盖耶维奇·普希金

如果你受苦了，感谢生活，那是它给你的一份感觉；如果你受苦了，感谢上帝，说明你还活着。人们的灾祸往往成为他们的学问。

——伊索

一个人要获得实在的幸福，就必须既不太聪明，也不太傻。人们把这种介于聪明和傻之间的状态叫作生活的智慧。

——周国平

人的情绪状态和他的知识储备往往成反比。人越无知，越容易狂躁。

——伯特兰·阿瑟·威廉·罗素

如果拒绝不同的见解不是出于有更好的信念，不是出于对较高的原则的信赖，而是出于一种抵触情绪，那么坚定就变成顽固了。

——克劳塞维茨《战争论》

春有百花秋有月，夏有凉风冬有雪。若无闲事挂心头，便是人间好时节。

——佛眼禅师

在心里种花，人生才不会荒芜，烟火人间各有遗憾，今天比昨天好，这就是希望。

——董宇辉

无论你当下正在经历什么，都要调整心态，继续前行，你的心态就是你最好的风水。

——佚名

人这一辈子，有人羡慕你，有人讨厌你，有人嫉妒你，有人误会你，告诉自己没关系，做好自己就可以。

——佚名

生活给每个人都准备了一副沉甸甸的担子，只不过有的人挑在肩上，有的人扛在心里。

——佚名

日子过的是心情，生活要的是感恩，把心态放好，就没有过不去的坎。

——佚名

事不能想得太多，想多了心就乱了，人不能看得太清，看清了心就凉了，情不能陷得太深，太深了心就痛了。

——杨绛

人活一世，想开了就是幸福，想不开就是痛苦。

——佚名

有些事上天让你做不成，那是在保护你，别抱怨，别生气，世间万物都有定数。

——弘一法师

不幸，是天才的进身之阶；信徒的洗礼之水；能人的无价之宝；弱者的无底之渊。

——奥诺雷·德·巴尔扎克《人间喜剧》

幸福的时候，我们期待更幸福和圆满；不幸福的时候，我们渴求一些眼下得不到的东西，我们希冀命运的眷顾，我们幻想明天一觉醒来一切都会变好，我们像个贪婪的赌徒般赌一个愿望。有时候想想，这一刻若是没有任何愿望，也许是好的。

——张小娴

曾经想要做一个怎样的人，如今又是怎样的一个人？你成了自己喜欢的人还是讨厌的人？凡所经历的，都不是偶然，所有我们遭遇的，只是让我们成为一个更优秀的自己。

——张小娴

"抱怨"真的就是口臭，它会传染，而习惯抱怨的人，就是在向自己的鞋子里倒水。

——美国《时代》周刊

人生是不公平的，习惯去接受它吧。请记住，永远都不要抱怨！

——比尔·盖茨

敢于世上放开眼，不向人间浪皱眉。

如果不喜欢一件事，就改变那件事；如果无法改变，就改变自己的态度，不要抱怨。

——中国香港《文汇报》

千万别以弱者身份出现，弱者人皆踩之，不要给别人这种机会。

——亦舒

要懂得用左手温暖右手，要懂得把痛苦当作快乐，去欣赏，去体味，你才会有成功。

——马云

人生是一座医院，每一个病人都渴望着调换床位。这一位愿意面对着炉火呻吟，那一位认为在窗边会治好他的病。

——夏尔·皮埃尔·波德莱尔《恶之花·巴黎的忧郁》

负面情绪是比你渺小的东西。它一直都比你渺小，即使有时候感觉上很庞大。

——马特·海格

幸福其实比我们所想象的要简单得多，问题在于如果我们不把所有的山都爬一遍，我们就没法相信其实山脚下的那块巴掌大的树荫下就有幸福。

——路德维希·约瑟夫·约翰·维特根斯坦

能说的，都是不必说的；必须说的，恰恰是无法说的。

——路德维希·约瑟夫·约翰·维特根斯坦

当一个人心情愉快的时候，他便显得善良。

——马克西姆·高尔基

觉得无趣就去寻开心，觉得顾虑别人太多让自己不快乐就抽离。我们先是鲜活的，然后才热情或高冷，认真或随意。

——芥川龙之介

为使人生幸福，必须热爱日常琐事。云的光彩，竹的摇曳，雀群的鸣声，行人的脸孔——需从所有日常琐事中体味无上的甘露。

——芥川龙之介

人生的美妙之处在于迷上一样东西。人生苦短，少做些虚无缥缈的事。夜晚的灯塔一直都在，只是灯亮的时候，你才看见它。

——刘慈欣《三体》

远处的云雾轻拂过岱山，

橘黄色的日落点缀其间，这些美好的事物都嘱咐我：要热爱这个世界！

——加·泽文《岛上书店》

每个人的生命中，都有最艰难的那一年，将人生变得美好而辽阔。

——加·泽文《岛上书店》

万物自有节奏，小闲即欢，小清即静。

——佚名

过去事已过去了，未来不必预思量。只今只道只今句，梅子熟时栀子香。

——石屋禅师《山居诗》

不完美也没什么不好，这样才有人味，也是可爱之处。

——阿尔弗雷德·阿德勒

反正都是浪费时间，沉湎于焦虑不如沉迷于早睡吧。

人生有三把钥匙：接受、改变、放开。

在这路遥马急的人间，慢慢来是一种诚意。

别人如何分析我，跟我本身是一点关系也没有的。

——三毛《撒哈拉的故事》

一天很短，开心了就笑，不开心就过会儿再笑。

——阿尔贝·加缪

我终于明白行动、爱和受苦，其实是活着，但活要活得透明澄澈，并接受自己的命运不过是由各色喜悦和热情所造成的单一折射。

——阿尔贝·加缪

人要学会放下，放下是一种饶人的善良，也是饶过自己的智慧。

——麦家

从今天起，你要做一个不动声色的大人了。不准情绪化、不准偷偷想念、不准回头看。去过自己另外的生活。你要听话，不是所有的鱼都会生活在同一片海里。

——村上春树

融化这个冰的，一定是春天，不是斧头。我没有能力去当一个春天，那就尽力当好一把斧头。

——弗兰兹·卡夫卡

我愿意与世界握手言和，温柔地向世界妥协。或许是目睹了生死才能恍然大悟，自己有多么想要遇见一个人，想成为一个有用的人，原则没那么重要，底线也没那么死板，妥协也不代表软弱。让自己松弛下来，才能从沉重的过往中解脱自己。

——莎拉·雷纳《一晨一刻》

很多事情别想得那么糟糕，毕竟，还有阳光来温暖我们的骨头。

——阿尔贝·加缪

世界注定要有人闪闪发光，要有人默默做事，有抬头仰望星空的时刻，但一定也有低头走路的时光。

——韦娜

敬那时有梦，长夜提灯。

你只说，不过是一腔勇与诚。

愿来去从容，不枉此生。

感受过，盛开过，山水长相逢。

——歌曲《山水长相逢》

你看，城南的花都开了，该你熬的都熬过来了，所以别再不开心了。

——贾樟柯《山河故人》

纵使太阳和星月都冷了，群山草木都衰尽了，香炉的微光还在记忆的最初，在任何可见和不可知的角落，温暖地燃烧着。

——林清玄《微光》

决定了，新的一年，再离谱的生活我都要歌唱；再荒诞的境遇，我都要种满蔬果与鲜花。

——焦野绿《新年决定》

童年里阻挡自由的理由是："你
还是个孩子。"成年后阻挡快乐
的理由是："你已经是个大人了。"

人生不过是地表上一道浅浅的笔痕，日月轻轻一转，便无影无踪。要珍惜生命的时时刻刻，撇去一切喧哗，把生活安放在自然的尺度中。

——梁永安

人间百味：随遇、随喜、随安。

——卢思浩

未来如星辰大海般璀璨，不必踌躇于过去的半亩方塘。

——《人民日报》

人生这条漫长的旅途中，本就有无数的路口。路过我们生命的每个人，过去发生的每一件事，都会成为旅途中的纪念品。那些善意和温柔并没有消失，它们最后会绕一个圈，重新回到你身上。

——卢思浩

我突然意识到，不是只有走到人生顶点的人才值得被看见，那些竭尽全力，却倒在梦想之前的人，也值得有人鼓掌，他们的努力依然让人动容。

——卢思浩

真正的优雅是放下，而不是端着，是平静地看这个世界。观望街头，与他人和平相处。

——韦娜

晴耕雨读，与时舒卷，方不误自己的时光。这人间，来了便是要修修补补，把残缺和遗憾变成后来的光……

——姑苏阿焦

这个世界，这个人生，有其丑恶的一面，也有其光明的一面。良辰美景，赏心乐事，随处皆是。

——梁实秋

智者乐水，仁者乐山。雨有雨的趣，晴有晴的妙，小鸟跳跃啄食，猫狗饱食酣睡，哪一样不令人看了觉得快乐？

——梁实秋

人应该要活出差别来，而不是活出差距。人跟人都不同，在一个横向上大家各有各的生活。

——梁永安

现在喜欢这样的我，并且觉得我经历的一切都自有其目的。我想这就是上天的安排：让我成为现在的我。

——凯瑟琳·吉尔迪纳

成长，本质上是一场自己战胜自己的过程。当成熟的你打败了幼稚的你，勤奋的你打败了偷懒的你，平和包容的你打败了冲动抗拒的你，最好的你，就在来的路上。

——刘娜

长得丑的水果，都会努力让自己甜一点。人也一样，如果觉得不顺心，就给自己加点"甜"。

——佚名

花们好像是没有什么悲欢离合。应该开时，它们就开；该消失时，它们就消失。它们是"纵浪大化中"，一切顺其自然，自己无所谓什么悲与喜。

——季羡林

怪风太温柔,像老朋友,像旧时候。

——佚名

人生一世,放松就好。

人前得意,不如山野放歌。讲尽假话,不如隐秘生活。

挣脱得越远,收割得越多,走到天尽头,便是好麦田。

——陈应松

有趣的是,有时候你一直对一些事情忧心忡忡,结果却没什么大不了的。

——R.J.帕拉西奥《奇迹男孩》

这些好东西都决不会

消失,因为一切好东西都永远存在,它们只是像冰一样凝结,而有一天会像花一样重开。

——戴望舒《偶成》

有一天你会明白,善良比聪明更难。聪明是一种天赋,而善良是一种选择。无论发生过什么,要相信最好的尚未到来。

——戴望舒《偶成》

任何一件事情,只要心甘情愿,总是能够变得简单。

——安妮宝贝

黄昏是一天最美丽的时刻,愿每一颗流浪的心,能在一盏灯光下,得到永远的归宿。

——三毛《高原的百合花》

怪风太温柔，像老朋友，像旧时候。

那些差一点就美好的记忆，可能就是独家记忆。

——木浮生《独家记忆》

即使没有月亮，心中也是一片皎洁。

——路遥

南墙已撞，故事已忘。

有钱把日子过好，没钱把心情过好。

将生活的锋芒，熬成温柔的浓汤，天寒岁晚，就要自制温暖。

——陈亚豪《你不必逞强，时间会为你疗伤》

后来明白，我们永远无法成为别人满意的那个自己，可如果坚持做喜欢的自己，终会遇见喜欢你的人。其实到最后，我们都是在寻找同类，就像溪流汇入江海，光束拥抱彩虹。

——陈亚豪《你不必逞强，时间会为你疗伤》

不论有钱没钱，最好的活法：物质低配、关系低耗、情绪低温。希望你能做到。

——冯唐

这世界破破烂烂，但总会有人缝缝补补。

——韦娜

时间就像一块打磨石，从不在意我的反应。它用一分一秒，一点点打磨着我的心绪、我的性情，它像雕刻艺术品那般，不慌不忙，不疾不徐。

——韦娜

时间会告诉你，一些人对你的拒绝，其实是一种成全。

——杨昌溢

岁月静好是片刻，一地鸡毛是日常，即使世界偶尔薄凉，内心也要繁花似锦，浅浅喜，静静爱，深深懂得，淡淡释怀。望远处的是风景，看近处的才是人生。唯愿此生，岁月无恙；只言温暖，不语悲伤。

——村上春树

我常觉得，所谓"风水好"，就是空气清新、水质清澈的所在。

所谓"有福报"，就是住在植物青翠、花树繁华的所在。

所谓美好的心灵，就是

能体贴万物的心，能温柔对待一草一木的心灵。

——林清玄《万物的心》

世界上没有快乐的地方，只有快乐的人。

——三毛《高原的百合花》

好运总是要先捉弄一番，然后才向着坚忍不拔者微笑的。

——让-亨利·卡西米尔·法布尔

时光跌跌撞撞，四季来来往往，一站有一站的风景，皆是欢喜。

我的悲伤还来不及出发，就已经到站下车。

——余华《第七天》

有的事情，就是越想越

气，不想就不气了。烦恼都来自执着妄想，都是自己苦恼自己。你其实没那么生气，你只是想太多了。

——张小娴

什么是常态呢？常变就是常态。明白了，也就释然。当事情不如己意，只要知道自己已经尽力了就好。

——张小娴

谁没干过几件蠢事？过去不留，也留不住，人生是要有一份潇洒，原谅自己，也原谅别人，脸带微笑前行。

——张小娴

在比我们强大的命运面前，凡俗生命有太多无法超越的限制了。然而，人生往往因为有限而美丽。当我们

像飞蛾扑火般不自量力，企图去超越生命的有限，我们也感受到人间的美丽与哀愁。

——张小娴

当爱情改变，承诺也会改变。感情既已随风而去，承诺岂不飞花散尽？当时甜蜜就好，你放不下是你太傻。

——张小娴

猛兽也有打盹的时候，而无论多么聪明的人偶尔也会犯傻，这么想的时候，你就觉得自己不是太笨，你就能原谅自己那些不聪明的时刻。

——张小娴

祝你不用奔赴大海，也能春暖花开。

祝你不用颠沛流离，也

能遇到陪伴。

祝你不用熬过黑夜，已经等到晚安。

如果这些都很难，祝您平平安安。

——佚名

"孤独"这个词，就像是生命底层里那汪冷冽的水，让人清醒，让人降温，让人躲在水里更清醒地看待这个世界。

——刘同《你的孤独，虽败犹荣》

我想要的，只是一束蒲公英花的信赖，一片莴苣叶的慰藉，甚至不惜为此枉费了一生。

——太宰治

拐个弯，与生活和解，

得失都随意。

方向错了，停下来就是最大的进步。

与万事言和，与独处相安，自行，自省，自清欢。

去接受一些你不了解的东西，去争取，去相信自己可以改变一些事情。

——佚名

世间万物皆有心。天有天心，天心静，则万物和谐，幽然而静美；人有人心，人心静，则心若碧潭，静如清泉……须知，身静乃是末，心静才是本。

——佚名

遇到烦心事，要学会淡定和从容，这个世界上的不良人，是千姿百态的。

——佚名

欲成大树，莫与草争；将军有剑，不斩苍蝇。遇小人及时止损，遇烂事及时抽身。

——佚名

真正的强者，一生必须经历两个阶段：第一个是逆境，第二个是绝境。

——佚名

能让人成熟的，从来不是年龄，而是经历。能让人回头的，从来不是道理，而是南墙。

——佚名

世上的事情都经不起推敲，一推敲，哪一件都藏着委屈。

——佚名

永远不要埋怨已经发生的事情。要么改变它，要么就安静地接受它。

——佚名

不要在意别人在背后怎么说你，你在意了，你的心就乱了，那就什么事都乱了。

——佚名

你的内心强大，性格就会变得温柔，精神松弛，内心才会平静，一个人温柔又强大，内核强能量高，自然吸引力就越强，做事就会越来越顺。

——佚名

大风刮倒梧桐树，自有旁人论长短，你所见皆是我，好与坏我都不反驳，我做好我的，你过好你的，你不用

理解我，咱各有各的路。

——佚名

去交会让你开心的朋友，去爱不会让你流泪的人，去奔向自己想去的方向，去完成不论大小的梦想，生活应该是美好而又温柔的，你也是。

——佚名

日历到了哪页，就好好过哪一天。

——佚名

善良一点，因为每个人都在与人生苦战。

——佚名

遇到不讲理的人，最好的处理方式就是离他远点，而不是跟他讲道理。

——佚名

没有必要让所有人知道真实的你，或者是你没有必要不停地向人说，其实我是一个什么样的人，因为这是无效的。人们还是只会愿意看到他们希望看到的。

——佚名

永远不要用离开去威胁任何人，你会发现，你真的没那么重要。

——佚名

高手是没有情绪的，永远不要愤怒，愤怒会降低你的智慧。

——佚名

能在一定位置上的人，一定有过人之处，不管你多么讨厌他。

——佚名

如果一个人影响到了你的情绪，你的焦点应该放在控制自己的情绪上，而不是影响你情绪的人身上。

——佚名

人要一赌上气，就忘记了事情的初衷，只想能气着别人，忘记了这也耽误了自己。

——刘震云

越不容易动怒的人，手里的底牌越多。一点就着的人，也就只剩发脾气这点能耐了。

——佚名

没有收拾残局的能力，就不要放纵自己的情绪。

——佚名

所有你在逆境时得到的

援手，其实都是你在顺境时，不经意攒下的人品。

——佚名

人这一生，只有三次改变命运的机会：学习、婚姻和自我觉醒。

——佚名

当坏事发生的时候，人们总是试图找一个清晰而简单的理由去责怪别人。这就是我们所说的归咎于人的本能。

——佚名

在消除了匮乏的痛苦之后，清茶的淡饭与丰盛的宴席，带来的快感相同。

——佚名

何必为部分生活而哭

泣，君不见，全部人生都催人泪下。

——佚名

握住你的痛苦，就像手中握住一株娇艳的花朵一样。

——佚名

把遗憾当作成全，才能收获安然自得。

——佚名

失去的东西其实未曾真正属于你，不必惋惜。

——佚名

没有过不去的事情，只有过不去的心情。

——佚名

生活总是让我们遍体鳞伤，但到后来，那些受过伤

的地方，一定会成为我们最强壮的地方。

——佚名

幸福不在别人眼中，而在自己心中。

——佚名

冬天来了，春天还会远吗? 苦难过后,终会苦尽甘来!

——佚名

生活或许没有你期待的那样美好，但也不全是你以为的那样糟糕，过好当下，当下就是最好的。

——佚名

抱怨不是解决问题的方法，所有改变的起点在于接纳你自己。

——佚名

其实人生只有三件事：自己的事，别人的事，老天爷的事。你只需要做好自己的事，老天爷的事你管不了，别人的事与你无关。

——佚名

你不想发生的事迟早会发生，求不得，你想得到的永远得不到，得到了就不想要了，这就是人的普遍的特征。

——佚名

在烦恼滋长的日子里，头发还是一样生长，人这种生物意外的坚强。

——佚名

如果有一天，你的努力配得上你的梦想，那你的梦想一定不会辜负你的努力。

——佚名

人生除了生死，其余都是擦伤。

——佚名

你错过的，别人才会得到，正如你得到的，都是别人错过的。

——佚名

如果你在生活中有任何时候，感受到了负面情绪，请相信我，一定是因为你的思维方式出现了问题。

——佚名

小事何必计较，大事何须惊慌。

——佚名

什么叫作浪费时间，不快乐就是浪费时间。

——佚名

坐酌冷冷水，看煎瑟瑟尘。

难走的路是成长的必经之路，就像幼苗要经历风雨的洗礼，才能茁壮成长。

——佚名

人也需要在困难和挫折中磨砺自己，每一次的困境，都是一次成长的机会，它让我们学会如何应对压力，克服困难。

——佚名

没有躲雨的屋檐，要学会自己撑伞；没有依靠的对象，要活成自己的靠山；没有疗伤的港湾，要懂得对往事翻篇，咬牙咽下生活的苦，方能尝到岁月的甜。

——佚名

漫漫人生路总有峰回路转，往后余生，在生活的磨砺中，努力成为更好的自己。

——佚名

前行的路，不怕万人阻挡，只怕自己投降；人生的帆，不怕狂风巨浪，只怕自己没胆。

——佚名

相信自己，你能作茧自缚，也能破茧成蝶。

——佚名

所有的不凡，往往伴随着数不尽的跌倒，所有的辉煌，也会遭遇过各种各样的挫折。

——佚名

没有一件事情，可以让你一步登天，更没有一件事情，可以将你彻底打垮。

——佚名

不停地走，别放弃，总有一天会柳暗花明。

——佚名

路要一步步走，苦要一点点吃，逼出来的人心才能强大，熬出来的人生才算完美。

——佚名

雨再大也有停的时候，再大的乌云，也遮不住微笑的太阳。当你认为没有希望时，正是离成功最近的时候。

——佚名

所有的能力，没有一个是之前都学好的，都是一边经历成长，一边学习收获，努力提升自己，永远比仰望别人重要。

——佚名

命运给你一个低的起点，是想看你翻盘的精彩，而不是让你自甘堕落。

——佚名

脚下的路虽难走，但我还能走，比起向阳而生，我更想尝试逆风翻盘！

——佚名

在咖啡一样苦的日子里，要学会自己给自己放糖。

——佚名

生活就是顶着一分的甜，冲淡那九分的苦。

——佚名

有钱把日子过好，没钱把心情过好，有什么样的能力就过什么样的生活。

——佚名

生命中的艰难困苦是磨炼我们的意志力和能力的机会，在磨难中成长，才能更加坚强和有韧性。

——佚名

人活着拼的就是心态，命再好不如心态好。

——佚名

一个心态好的人，生活再难，也能保持微笑；日子再苦，也能学会治愈自己，身心再累，也会热爱生活。

——佚名

心态好则事事好，心放宽则事事安。

——佚名

有路就大胆去走，有梦就勇敢去追，要知道，逆风的方向更适合飞翔。

——佚名

人生总得经历一些磨难，才能收获幸福；生活只有经历点风雨，才能变得坚强；人只有经历过打击，才能成长。

——佚名

请相信每一个黑夜，都是黎明的序章。

——佚名

生活给你压力，你就还它奇迹；人生给你考验，你就还它经验。

——佚名

没有什么能难倒自己，只要你愿意坚持，愿意付出，成功就会眷顾你。

——佚名

至于未来会怎样，要努力走下去才知道。

——佚名

现在的你可能过得特别难，但这只是在走一段上坡路，你仍是处在成功的最佳路线上，只要你不放弃，前面就是终点！

——佚名

所有的路，只有自己走过才会懂；所有经历，只有熬过才明白，这一生真正能渡我们的只有曾经咬牙坚持的自己！

——佚名

闻言不惊不喜者，可当大事。听谤不怨不怒者，可处大用。遇难不避不畏者，可担重任。用心不忮不求者，

可谋大略。顺，不妄喜；逆，不惶馁；安，不奢逸；危，不惊惧。胸中有惊雷而面如平湖者，可拜上将军。

——佚名

人生是长期的竞赛，做好情绪管理非常难，唯一的方法就是自省、自救、自修、自渡。

——佚名

生活就是一种磨炼的过程，如果没有这酸甜苦辣，你永远都不会成熟。

——佚名

奋斗让生活充满生机，责任让生命充满意义，有压力说明有目标，遇困境证明在进步，不为失败找理由，只为成功找方向，让脚步像

花店不开了，花继续开。

风一样，让心灵像海一样，让头脑像光一样。

——佚名

我们应该在阳光下灿烂，在风雨中奔波，在泪水中成长，在拼搏中展望，对自己说一声，昨天挺好，今天很好，明天会更好。

——佚名

每一个坚持到今天的你，都比昨天更强大。

——佚名

即使前路漫漫，也要心向阳光。

——佚名

当人生遇到坎坷，历经磨难时，我们应该不断为自己鼓掌，不为困苦所屈服，不为艰险而低头，不为磨难所吓倒。

——佚名

生活的理想是为了理想的生活，只有为自己鼓掌，人生之路才会越走越宽广，越走越坦荡。

——佚名

没有人可以回到过去，但都可以从现在开始。

——辛夷坞

一定会有一场遇见，让你原谅生活所有的刁难。

——宫崎骏

日出之美便在于，它脱胎于最深的黑暗。

——奥斯卡·王尔德

挫折不会主动说话，却常在暗中助你成长，昨日的你承受的有多深，来日的你荣耀就有多大。

——村上春树

可是，再黑的夜，都迎来黎明，就算晴空突然转阴，也远比黑夜更加明亮。

——佚名

人生岁月不哀戚，还有梦境与黎明。

——佚名

错过了落日余晖，还可以静待满天繁星。

——佚名

当你觉得为时已晚的时候，恰恰是最早的时候。

——佚名

不要碰到一点压力，就把自己变成不堪重负的样子。

不要碰到一点不确定性，就把前途描摹的黯淡无光。

不要碰到一点不顺心，就搞得似乎是这辈子最黑暗的时候。

人这一辈子，你该走的弯路，该吃的苦，该撞的南墙，该掉的陷阱，一个都少不了。放下纠结，好运自来，好好挺住，熬过去，苦尽甘来。

——佚名

大路走尽还有数不尽的小路，只要不停地走就有数不尽的风光。

——佚名

夜色难免黑凉，前行必有曙光。

——佚名

未来这个词听上去就是美好，可是你别忘了呀，每一个我们所期待的美好未来，都必须有一个努力的现在。

——佚名

不必太紧张，生活本来就是个麻烦的调味罐，至于它是甜还是咸，就要看你加糖还是加盐了。

——佚名

路好不好走，也许我不能决定，但走不走，却只有我能决定。

——佚名

照顾好自己的身体和情绪，这场人生你就赢了一大半，其余的其余，人生自有安排。

——佚名

当一个人踮起脚尖靠近太阳的时候，全世界都挡不住他的阳光。

——佚名

山高水长，怕什么来不及，慌什么到不了，天顺其然，地顺其性，人顺其变，一切都是刚刚好。

——《人民日报》

正是因为那些黯淡浑浊的过去，才成就了此刻闪闪发光的自己。

——《人民日报》

眼中有光，心里有希望，只要求这一份简简单单的生活，只想要这一份平平淡淡的自由。

——佚名

请你务必一而再，再而三，三而不竭，千次万次，毫不犹豫地救自己于世间水火。

——罗翔

人生可以缓缓而行，别着急，别慌张，过去的都会过去，该来的都在路上。

——佚名

在平静的生活表面，内心也偶有波澜，好在，用跌跌撞撞的时间换取如今的些许淡然，有筹谋、有眼前，也仍要有勇气一往无前。

——佚名

风能吹动一张白纸，却吹不走一只蝴蝶，因为生命的力量在于不顺从。

——佚名

人生这条路，未来和过去无不大雾弥漫，我们唯能看清的，其实是眼前的路，要始终相信，所有的安排，都有它的理由。

——佚名

爱世间温柔万物，沿途为晚霞驻足，未来岁月漫长，依旧值得期待，愿你逆光而来，配得上这世间所有的美好。

——佚名

人生本来就是孤独的，不信你看，"人"这个字连个偏旁都没有，"长大"也是。

——佚名

03

Healing

疗愈

允许一切发生

首先你要快乐，其次都是其次。

尽管蛋壳曾是鸟的整个世界，但要获得新生，不打破过去的世界是不行的。

去遇见爱，或是遇见孤独。

得之我幸，不得我命，如此而已。

"我为别人难过。"

"好人都应该如此。"

——海明威《丧钟为谁而鸣》

"小狗呀，如何才能像你一样每天都开开心心呢？"

"忘！忘！忘！"

——弗朗西斯·斯科特·基·菲茨杰拉德《了不起的盖茨比》

活在这珍贵的人间，太阳强烈，水波温柔。

——海子

刚刚好，看见你幸福的样子，于是幸福着你的幸福。

——村上春树

没有比粥更温柔的了。东坡、剑南皆嗜粥，

念予毕生流离红尘，就找不到一个似粥温柔的人。

——木心《少年朝食》

在市井里放风，和小情绪握手。

你不愿意种花，你说，我不愿看见它一点点凋落。

是的，为了避免结束，你避免了一切开始。

——钱锺书《围城》

美丽的梦和美丽的诗一样，都是可遇而不可求的，常常在最没能料到的时刻里出现。

——席慕蓉《初相遇》

这烟火人间，事事值得，也事事遗憾，如果事与愿违，请相信一定另有安排，你总会遇到那束光，有时早有时晚。

——佚名

愿你生命中有够多的云翳，来造成一个美丽的黄昏。

——冰心《谈生命》

世界上有两种长大的方式：一种是明白了，一种是忘记了明白不了的，心中了无牵挂。大部分人都用后一种方式长大。

——林语堂

你只是来体验生命的，你什么都拥有不了，也什么都留不住，不需要证明什么，更没有什么事是一定要实现的。你能做的就是：不断尝试、收获、感受，然后放下。

终有一天，你会静下心

来，像个局外人一样回首自己的故事，然后笑着摇摇头，浮生不过梦一场。

——林语堂

以清净心看世界，以欢喜心过生活，以平常心生情味，以柔软心除挂碍。

春则觉醒而欢悦，夏则在小憩中聆听蝉的欢鸣，秋则悲悼落叶，冬则雪中寻诗。

——林语堂

没有什么是本来就属于你的。所以，失去时稍微难过一下就好，遗憾是常态。

——傅首尔

所谓不了了之，不了就是了之，未完成是生活的常态。

——周国平

成长的很大一部分，是接受。接受分道扬镳，接受世事无常，接受孤独挫折，接受突如其来的无力感。

——佚名

人生总有无数的不舍，心中的渴求何时何日才可能圆满？我们慢慢学会的不是不再渴求，也不是放下不舍，而是告诉自己：能有很好，没有也没关系。

——张小娴

遇见，是因为有债要还；离开，是因为还清了。前世不欠，今生不见，今生相见，定有亏欠。

——弘一法师

你以为错过了是遗憾，其实可能是躲过了一劫。

——弘一法师

时间不是解药，但时间里一定有解药，请给时间一点时间。

——弗朗西斯·斯科特·基·菲茨杰拉德《了不起的盖茨比》

每次遇到困难时，我都会想地球都是宇宙中的一粒灰尘，这些糟糕的事情更是微不足道，我就会释怀。

我爱哭的时候便哭，想笑的时候便笑，只要这一切出于自然。我不求深刻，只求简单。

——三毛

有的人、有的心事，此时此刻无法放下，那就把它暂时放在心里一个小小的角落吧，就好像把一件小东西藏起来，放到抽屉里，放到衣柜顶，甚至放到床底下。生活继续，日子漫长，后来的一天，你都想不起你把它放到哪里去了，找不回了。这就是忘记。

——张小娴

我们从来没学会放下一个人，只是必须如此。然后你会发现，没有了那个人你还是可以活得很好。世上没有放不下的人，只有放不下的执着。凡有执着，就有痛苦。

——张小娴

害怕离开，害怕孤单，害怕未知的前路，直到一天，你终于咬着牙走出去，才知道世界因你这一步而变大，

才知道你永远值得更好的，而你也会更好。

——张小娴

你为什么那么喜欢落日？因为它像极了我喜欢这个世界的心，就算会一点一点沉下去，明天照样会升起。

——居伊·德·莫泊桑

天下只有两种人。譬如一串葡萄到手，一种人挑最好的先吃，另一种人把最好的留在最后吃。照例第一种人应该乐观，因为他每吃一颗都是吃剩的葡萄里最好的；第二种人应该悲观，因为他每吃一颗都是吃剩的葡萄里最坏的。不过事实上适得其反，缘故是第二种人还有希望，第一种人只有回忆。

——钱锺书《围城》

当你快坚持不住的时候，困难也快坚持不住了。

——《人民日报》

松弛一点的人生，也没什么不好。

生活不会因为心弦紧绷，而事事顺遂。

——张爱玲

两个人一起是为了快乐，分手是为了减轻痛苦，你无法再令我快乐，我也唯有离开，我离开的时候，也很痛苦，只是，你肯定比我痛苦，因为我首先说再见，首先追求快乐的是我。

——张爱玲

别烦恼明天的事。明天的烦恼明天再烦。我想开心、努力、温柔待人地过完今天

一天。

——太宰治

人一辈子，走走瞧瞧，吃吃喝喝，不生病，就是福气，如果能遇到自己爱的也爱自己的人，再发点小财，就是天大的福气。

——杨绛

其实任何人在经历时，都不会知道，自己正在经历一生中最幸福的时刻。

——费利特·奥尔罕·帕慕克

在所谓人世间摸爬滚打至今，我唯一愿意视为真理的，就只有这一句话：一切都会过去的。

——兰波《彩图集》

一生温暖纯良，不舍爱与自由。

别去打听已经离开你的人的生活，当别人决定离开你的那一瞬间，一定觉得没有你会过得更好。

——佚名

当你无法忘记一个人，或者无法忘记一段经历，就用更宏大的世界去稀释它吧。

不管怎么样，明天又是新的一天。

——玛格丽特·米切尔《飘》

有人的地方就有江湖，有江湖的地方就有摩擦，抱怨也没用。你要明白，能干扰你的，往往是自己的太在意；能伤害你的，往往是自己的想不开。

——佚名

一辈子都在省着、攒着、挣着，钱还是没存够；一辈子都在忍着、让着、怕着，人还是得罪不少；回头看，除了渐长的年龄，很多的遗憾，还有什么真正属于自己？所以想开了，什么才是生活——只有自己高兴了，才是真正的生活。

——三毛

我遇见的第一件好事：在白晃晃的清新小径，一朵花告诉我她的名字。

——兰波

人生并非"偶然"的连续，好事坏事交替而来才是人生。

——稻盛和夫

后来我才知道，不是每一朵花都同一时间开放，也许我来早了，也许晚一点，也许我恰好途经了它的盛放。我曾经翻越孤岭，爬上山巅去靠近月亮，到了山顶才发现，一般美好的不是拥有，而是此刻月夜的清辉洒在我身上。

——弗朗西斯·斯科特·基·菲茨杰拉德《了不起的盖茨比》

如果冬天来了，春天还会远吗？

——珀西·比希·雪莱

如果生活中发生的事情会引起你内心的不安，那就让它像风一样吹过你的身体，而不是退缩。

——迈克尔·辛格《清醒地活》

人类的一切智慧是包含在这四个字里面的："等待"和"希望"！

——大仲马

你今天受的苦、吃的亏、担的责、扛的罪、忍的痛，到最后都会变成光，照亮你的路。

——拉宾德拉纳特·泰戈尔

阅读是我的娱乐、我的消遣、我的安慰、我小小的智慧。如果我觉得世界无法忍受，只要蜷缩进一本书里，书就像一艘小小的宇宙飞船，带我远离一切。

——苏珊·桑塔格

活着，是一件很美好的事情。既然来到人间，便去爱，

去经历、去感受、去欣赏一切微小的欢喜。

——一禅小和尚

在最惨的时候，我们吸收到的能量，反而都是我们在站起来的时候的最大动力。

自律给我自由。你看"自由"这个词，长得就"条条框框"。

——余华

删除一些难过，才能容纳更多快乐。

——余华

世界治愈的是愿意自渡的人。

——余华

爱不负人，游不负景，睡不负榻，孤不负己。

家人闲坐，灯火可亲。

四方食事，不过一碗人间烟火。

——汪曾祺《人间草木》

且行且看且从容，且停且忘且随风。

——明代诗词《大雪》

前行路上，有风有雨是常态，风雨无阻是心态，风雨兼程是状态。

——《人民日报》

逢人不说人间事，便是人间无事人。

——杜荀鹤《赠质上人》

我一点都不着急，不着急下定义，不着急附和大多数的声音，也不着急把自己塞进寡淡无味的众生苦乐里。

——安再野

每一个不曾起舞的日子，都是对生命的辜负。

——弗里德里希·威廉·尼采

一尘不染不是不再有尘埃，而是尘埃让它飞扬，我自做我的阳光。

——林清玄

假如你始终没办法和故乡的房屋草木、街道砖瓦握手言和，不妨先试着理解和原谅过去的那个自己，原谅我们并没有成为自己曾经向往成为的那个人。

——弗雷德里克·巴克曼《时间的礼物》

如果有一天，你不再寻找爱情，只是去爱；不再渴望成功，只是去做；不再追求空泛的成长，只是开始修养自己的性情，你的人生一切才真正开始。

——纪伯伦·哈利勒·纪伯伦

我们必须全力以赴，同时又不抱任何希望。不管做什么事，都要当它是全世界最重要的一件事，但同时又知道这件事根本无关紧要。

——赖内·马利亚·里尔克

人总得靠希望活着，甚至于很小的希望，比如我想发点小财。

——何兆武《上学记》

生活没这么复杂，种豆子和相思或许都得瓜，你敢试，世界就敢回答。

——冯唐

你怎么爱你自己，就是在教别人怎么爱你。

——露比·考尔

人前的风光，其实根本安顿不了自己，总是有人比你更风光；人后的精致，才是自己的归宿地，"精致"没有可比性，人只需要向自己交代。

——半山《半山文集》

有些烦恼，丢掉了，才有云淡风轻的机会。

——宫崎骏《龙猫》

人之所以会产生自卑的感觉，是因为不接纳自己目前的状态。

——贾杰《活得明白》

天使之所以能够飞翔，

是因为天使的心很轻。

——电影《心灵游戏》

不要去想什么憋不出来的大意义，就从你感到有意思的事开始做起。

能看到诗和远方固然好，如果看不到，实践一下你关心的小目标也挺好。

——古典《拆掉思维里的墙》

直面一件可怕的事要比没完没了地想象它、等待它轻松一些。

——豪尔赫·路易斯·博尔赫斯《阿莱夫》

我们需要谈论现在与未来，也应该深入谈论过去，但有个严格条件：我们始终提醒自己，我们不属于过去，而是属于未来。

——阿摩司·奥兹

人生有两个悲剧：第一是想得到的得不到，第二是想得到的得到了。

——奥斯卡·王尔德

所谓理解，通常不过是误解的总和。

——村上春树《斯普特尼克恋人》

所愿所不愿，不如心甘情愿，所得所不得，不如心安理得。

——弘一法师

人生不过三万天，借副皮囊而已。

——弘一法师

凡是你想控制的，其实都控制了你自己，当你什么都不要的时候，天地都是你的。

——弘一法师

不要害怕失去，所失去的本来就不属于你，不要害怕伤害，能伤害你的都是你的劫数。

——弘一法师

生活中很多东西你要学会原谅，学会释怀，然后接受别人对你的伤害，让他变成你强大的动力。

——杨幂

成年人最好的清醒就是点到为止，你权衡利弊，我及时止损。

——佚名

生命没有永恒，时间一到，该老的老，该走的走。

——弘一法师

我们最终只是时间的过客，既是过客，又何必执着？

——弘一法师

努力过后，得失随缘，自在随心。

——弘一法师

奔赴要值得，放弃要利落，不消耗自己，不耽误别人。

——佚名

在任何关系当中你给我珍惜，我还你值得，你给我距离，我还你分寸。

——佚名

学会放弃其实是件挺厉害的事，放弃一段耗人的关系，放弃某个不甘心的执念，放弃努力了也得不到的东西，放弃不切实际的幻想，放弃紧握着不撒手的过去。放弃就意味着新的开始，意味着你将获得许多新的东西，放弃是勇敢的开始，爱人先爱己。

——佚名

感情需要的是双向奔赴，不是一个人的付出，就会有结果，唯有先学会爱自己才能破全局。

——佚名

生活各自不易，各人所求不同，各自立场不一，勿在他人心中修行自己，勿在自己心中强求他人。

——佚名

花看半开，酒饮微醺。

要学会用加法爱人，用减法生气，用乘法感恩，用除法减忧。

——林姨

思想不在一个高度，尊重就好，三观不在一个层次，微笑就好。发自己的光就好，不必在意别人的流言蜚语。不要和重要的人计较不重要的事，不要和不重要的人计较重要的事。记住，你的人品是你最好的运气，你的心态是你最好的风水。

——杨绛

你我皆凡人，却做着不平凡的事，终日奔波苦，心里定要甜。

——佚名

与其哭着去诉说，不如

笑着去释怀，痛而不语是一种智慧。

——佚名

总是抓着过去的事情不放，对那些受过的委屈和伤害耿耿于怀，以及在那些根本无法改变的人和事上无谓消耗自己，然后你的人生就会陷入死循环，会对任何事提不起兴趣，没办法再投入新的开始。

——弘一法师

在漫长的一生中，谁都会有解不开的心结和放不下的回忆，既然遗憾才是常态，那就过好当下吧。

——佚名

我越是孤独，越是没有朋友，越是没有支持，我就越尊重我自己。

——夏洛蒂·勃朗特

奇怪得很，人们在倒霉的时候，总会清晰地回忆已经逝去的快乐时光，但是在得意的时候，对厄运时光只保有一种淡漠而不完全的记忆。

——阿图尔·叔本华

18岁那天法律承认你成年了，但那不是真正的长大，真正的长大是一瞬间的事情。那一瞬间你的内心改变了，你感受到了生活的重。那一瞬间，你就一个人悄悄长大了。

——电视剧《以家人之名》

有些人不属于自己，但是遇见了也弥足珍贵。

——《名侦探柯南》

在时间这个伟大的医生面前，无论多么深刻的痛苦，都会结疤平复。

——莫言《生死疲劳》

仰望星空时，我们知道这些星星距离我们成百上千光年，有些甚至已经不存在了。它们的光花了很长时间才到达地球，而在此期间，它们本身已经消失或爆炸瓦解成红矮星了。这些事实会让人觉得自己很渺小，所以如果在生活中遇到了困难，不妨想想这些，你就会明白什么叫微不足道。

——马克·哈登《深夜小狗神秘事件》

生命的尽头，就像人在黄昏时分读书，读啊读，没有察觉光线渐暗；直到他停

下来休息，才猛烈发现白天已经过去，天已经很暗，再低头看书却什么都看不清了，书页已不再有意义。

——威廉·萨默塞特·毛姆《作家笔记》

历史是最伟大的编剧，因为作家编排的是故事，历史编排的是人生。

——龚曙光《日子疯长》

人生到最后也不得不承认，这一生中的一切，其实都是经过自己同意的。

——半山《半山文集》

生活的磨盘很重，你以为它是在将你碾碎，其实它是在教你变得心思细腻，并帮你呈上生活的细节，避免你太过粗糙地度过这一生。

——半山《半山文集》

不久前，我遇上一个人，送给我一坛酒，她说叫"醉生梦死"，喝了之后，可以叫你忘记以前做过的任何事。

我很奇怪，为什么会有这样的酒。

她说人最大的烦恼，就是记性太好，如果什么都可以忘掉，以后的每一天将会是一个新的开始，那你说这有多开心。

——王家卫《东邪西毒》

请忘了在泥里的时刻，而仅作为一枝花活着。

——穆戈《疯人说》

内心丰盈者，独行也如众。

——三毛

不必对全世界失望，百步之内，必有芳草。

——亦舒《花解语》

生活中有四件事可以改变你——爱、音乐、文字和失去。前三件事让人心生希望，请允许最后一件事使你变得勇敢。

——万特特

没人能为你规避风险，没人在大雾中给你点起一盏小灯。千万别怀疑自己、否定自己，陷入焦虑，别埋怨自己不够努力。

要学会让自己活得自然些、轻松点。

——陆庆屹《四个春天》

一旦你从心里接纳了自己的弱点，就再也没有人可以用这件事情伤害你。

——庞颖

我平生不足，唯饭与睡耳。他日得志，当饱吃饭了便睡，睡了又吃饭。

——苏轼

那些你不能发在朋友圈，无法与家人朋友诉说的，让你半夜睡不着的心事和默不作声、暗自消化的情绪，才是你真正的生活。

——佚名

有时候，世界的好与坏很大程度上取决于你的心。内心充满阳光，世界就和煦温暖；内心布满阴云，世界就阴雨绵绵。物随心转，境由心造，一切烦恼，皆由心生。

——佚名

没有谁能够左右你的情绪，只有自己不放过自己，不要再矫情了，谁心里没有故事？

——佚名

你不必逞强，不必说谎，懂你的人自然会知道你原本的模样。别否定自己，你特别好，特别温柔，特别值得被爱。

——佚名

其实真的没什么好焦虑的，题一道道地做，饭一顿顿地吃，累了就关掉闹钟好好睡一觉，"丧"了就去吹吹晚风、看看晚霞。活着，就好好爱，好好感受。喜欢就尽最大力去争取，讨厌的就远离。

——佚名

你自己不倒，别人想推都推不倒。你自己不想站起来，别人扶也扶不起来。

——佚名

那些交换过灵魂的人，其实从来不曾相互失去过，哪怕是渐行渐远，依然是彼此身上的血肉，依然是各自心里横着走的人，无可替代。

——佚名

如果你真的很喜欢一个人，实在放不下的话，那就继续喜欢吧。也许你会感动他，也许会累到放手，至少没有遗憾。

——佚名

哪里有这么多靠山，风来我慢慢走，雨来我抱头走，打雷我捂住耳朵走。我一个人走，总会走到这条路的尽头。

——佚名

不要急于报仇，烂掉的水果会自己从树上掉下来。

——佚名

人间的饭，是吃一碗少一碗；身边的人，是见一面少一面；脚下的路，是走一天少一天。人生就是一次减法，短短百年，不过是教人取舍罢了。

——佚名

中途下车的人很多，你也不必耿耿于怀。不是一路人，怎么抄近路都没用。

——佚名

冬天，厚而沉重的季节，迷茫着凄凉和悲伤。似乎比

夏天的伤感来得更直接，适合那些歇斯底里的痛。

——佚名

连天气都是阴晴不定，谁又能保证身边的一切不会变。

——佚名

人生是单向不可逆的轨迹，所以人才会一直憧憬未知的路径，重来一遍你也未必会满意重来后的自己。

——佚名

人长大以后，有了自己的思想和三观，一切过程和结果，其实都是与自己博弈。自己想通了，全世界都会绕路。自己画地为牢，便会万劫不复。真的，心一定要大，一定要想得开。

——佚名

只有想变好的人才会焦虑，混吃等死的人是不会焦虑的。

——佚名

事情已经发生了，不妨坦然接受。问题若有办法解决，就不必担心；若没办法解决，担心也没有用。

——佚名

人生有三见：见天地，知敬畏，所以谦卑；见众生，懂怜悯，所以宽容；见自己，明归途，所以豁达。

——佚名

几乎所有的担忧和畏惧，都来源于自己的想象，只有你真的去做了，才会发现有多充实、多快乐。

——佚名

不要轻易就觉得人生完蛋了。人生不会完蛋的，只要活着。

——佚名

余生不要和任何人争辩，哪怕别人说一加一等于七，你都要笑着说是对的。因为和别人计较，自己先不快乐，心大了，事就小了，心宽了，烦恼就没有了。

——佚名

只要不关注任何人的动态，不揣测别人的想法，不想一些没发生的事，不明不白、稀里糊涂地生活就很自在。

——佚名

对自己好一点，那是会跟你在一起最久的人。

——佚名

因为相知，所以懂得。
因为懂得，所以慈悲。

你总是生气，是因为你太过追求人性的洁癖，别人达不到你的标准，你就会很生气。但是我们要记住，人性中所有美好的特质，都是用来要求自己的，而非对外衡量的标准。

——佚名

与其朋友圈字斟句酌，不如现实中好好生活。

苦难就是苦难，苦难不值得感谢，值得感谢的是挺过来的自己。

人生的本质意义是经历、体验、试错，而这些来自认知、野心、勇气和执行力。

——佚名

在一段关系里投入的时间，并不是不离开的好理由。

——佚名

遇到不可理喻的事情，接受、处理、远离、不追问。

最后这三个字，是生活教会我最重要的三个字。

——佚名

如果觉得身边的一切都太不如意，那就去见喜欢的人，做喜欢的事，买喜欢的东西。

——佚名

人是要活很多年才知道感恩的，才知道万事万物包括投眼而来的翠色，附耳而至的清风，无一不是荣华的天宠。

——张晓风

在为梦狂奔的路上，有风雨急骤，有孤夜寂寥。不要怕，回头看看，家人就在身边，打着那束温暖的光。

——佚名

有人说生命如歌，那是因为他历尽山河，也有人说人生无河，那是因为他尝尽甘苦波折。

向未来张望的时光，或许孤独而漫长，希望努力过后，都是晴朗。

——佚名

折磨你的从来都不是任何人，而是你心存幻想的期待。世间万物都在治愈你，唯独你不肯放过自己。

——佚名

没有人过着如愿以偿的人生，所以大家总觉得，别人比自己幸福。

——佚名

人生像一场舞会，教会你最初舞步的人，未必能陪你跳到散场。

——佚名

一个人离开你的时候，不要问原因，你能想到的所有理由，都是对的。

——佚名

咖啡冷了可以换一杯，午餐冷了可以热一下，但是感情冷了，就要懂得适可而止。

——佚名

当别人不需要你的时候，要学会收起热情并礼貌退场。

——佚名

你之所以害怕，是因为没有更好的替代。

——佚名

人生最好的三个老师：干瘪的钱包、失败的经历，还有离开的人。

——佚名

真正厉害的人，朋友圈都在做减法，不是他不需要朋友，而是他不指望别人。

——佚名

女人如果比以前漂亮了，脾气温柔了，要么遇到了一个疼她的男人，要么是远离了让她疼的男人。

——佚名

人这一生，三两知己，爱人在侧，父母康健，听起来平淡无奇，却已是中等偏上的答卷了。

——佚名

去过的地方越多，越知道自己想回什么地方去。见过的人越多，越知道自己真正想待在什么人身边。

——佚名

人生不必有太多困惑，镜子和钱包可以回答生活中大部分的为什么和凭什么。

——佚名

生命的尽头不是死亡，而是再生，就像飘落的枯叶，也能成就一片土壤。

——佚名

没有不可治愈的伤痛，没有不能结束的沉沦，所有失去的，会以另一种方式归来。

——佚名

你之所以害怕，是因为没有更好的替代。

爱情最好的姿态，应该是我可以很爱你，也可以离开你，我可以全心付出，也可以全身而退，因为我不想因为爱一个人，而让我的世界倒塌。

——佚名

当有人爱你的时候，你要好好爱别人；当无人爱你的时候，你要好好爱自己。

——佚名

穷开心也是开心，穷浪漫何尝不是浪漫？活着，不必按照别人的标准开心。

——佚名

你万箭穿心，你痛不欲生，那也仅仅是你一个人的事。别人也许会同情，也许会嗟叹，但永远不会清楚你的伤口究竟溃烂到何种境地。所以，对自己好一点吧！

——佚名

这一年就要结束了，那就祝走散的人再也不相逢，相逢的人再也走不散。

——佚名

过去做的事情就不要去后悔了。过去种种譬如昨日死，未来种种譬如今日生。

——佚名

依赖一个人就是把自己的安全感也交出去，不要去依赖的意义是让我们做回自己，更多的期待只会伤害我们自己，我们可以期待一个人也很精彩，而不是期待别人会完全让我们依赖。

——佚名

你就是能量，你就是振动，你就是你的财富。你发出什么样的频率，就吸引什么来到你的生活中。

——佚名

爱不是生存生活的必需品，放下对爱的执着，放下追求他人的爱，应使心无所挂。一念解脱，则天地皆宽。

——佚名

世界上所有的惊喜和好运，都是你累积的温柔和善良，做一个温柔纯良且内心强大的人，温暖自己，也照亮别人。

——佚名

生命中遇到的问题，都是为你量身定做的。很多事，唯有当距离渐远时，才能回首看清它。时光真的很单薄，

什么都很轻，风一吹，我们就走散了。

——佚名

哪有人会是一张白纸啊，大家都是带着爱与恨、往事与阴影活着。有的人藏得深，有的人藏不住而已。

——佚名

日常生活不撩人，只是电影、电视剧把生活演得很撩人，人们喜欢把别人演出来的故事，拿到生活里来撩自己，撩出来的全是寄托在别人身上的妄念。

——佚名

我现在一点苦也不想吃，一滴泪也不想流，谁让我难过，我就离开谁。

——佚名

当面对两个选择时，抛硬币总能奏效，并不是因为它总能给出对的答案，而是在你把它抛在空中的那一秒里，你突然知道你希望它是什么。

——佚名

无论你圈子多大，真正影响你、驱动你、左右你的，通常也就是身边那八九个人，甚至四五个人。真正的极简，是明白我们身边99%的事情都没有意义，从而把时间和精力倾注在1%的美好的人、事、物上。

——佚名

每一个强大的人，都咬着牙度过一段没人帮忙、没人支持、没人嘘寒问暖的日子。过去了，这就是你的成

人礼，过不去，求饶了，这就是你的无底洞。

——佚名

放得下就不孤独，站得远些就清楚，不幻想就没感触，不期待也就不会有在乎。世上无难事，庸人自扰之。

——佚名

生活如果不宠你，更要自己善待自己。这一生，风雨兼程，就是为了遇见最好的自己，如此而已。

——佚名

我们最大的悲哀，是迷茫地走在路上，看不到前面的希望；我们最坏的习惯，是苟安于当下生活，不知道明天的方向。

——佚名

我们之所以活得累，是因为放不下架子、撕不开面子、解不开心结。其实，想开了，世界上的一切问题，都能用"关你什么事"和"关我什么事"来回答。

——佚名

不要贪恋没意义的人或事，拎着垃圾的手怎么腾得出来接礼物。新的征途上，往事归零，爱恨随意。往事不回头，未来不将就。

——佚名

无论你活成什么样子，背地里都会有人对你说三道四。一笑了之，给自己一道灿烂的阳光，一片自由的海洋，让自己不断变强，其实就是最好的蔑视。

——佚名

每一夜都能干干净净、心安理得、筋疲力尽地入睡；每一天都能清清爽爽、心平气和、精力充沛地醒来，这就是最好的生活。

——佚名

在食物中加入一点盐可以让食物更美味，但是把食物放到盐里却会齁到不能吃。人的欲望也是一样，在人生中加入一点欲望，而不是把所有欲望都当作是人生。

——佚名

你要接受，这世上总有突如其来的失去，洒了的牛奶、遗失的钱包、走散的爱人、断掉的友情。当你做什么都于事无补时，唯一能做的，就是努力让自己好过一点。

——佚名

不要做一边渴望，又一边拒绝的人，打开自己有些困难，但是没关系，我们可以慢慢来。

——佚名

人生总是在祈求圆满，觉得好茶需要配好壶，好花需要配好瓶，而佳人也自当配才子，却不知道，有时候缺憾是一种美丽，太过精致，太过完美，反而要惊心度日。

——林徽因

一个人想睡就睡，想吃就吃，多自在，穿着睡衣随处走，碰到趣事才出门，看谁不顺眼就别看。

——佚名

感情里，总会有分分合合；生命里，总会有来来去去。要学会浅喜欢、静静爱、深深思索、淡淡释怀。

——佚名

每个人都会有一段异常艰难的时光，没人在乎你怎样在深夜里痛哭，别人再怎么感同身受，也只有一瞬间。再苦再累，再痛再难熬，只有也只能自己独自撑过。

——佚名

生活本来就不易，不必事事渴求别人的理解和认同，静静地过自己的生活。心若不动，风又奈何。你若不伤，岁月无恙。

——佚名

后来发现凉白开喝下去更干净，半夜写出的文字也挺有味道，清晨那碗粥暖胃舒服，痛极后孤立无援的想法更成熟，一路走一路失去也一路拥有。

——佚名

实在放不下的时候，去趟重症病房或者墓地，你容易明白，你已经得到太多，再要就是贪婪，时间太少，好玩的事太多，从尊重生命的角度，不必纠缠。

——佚名

我们都应当明白，再烫手的水还是会凉，再饱满的热情还是会退散，再爱的人或许会离开。因此你要乖，要长大，不再张嘴便是来日方长，而要习惯人走茶凉。

——佚名

有话就要说出来，有不满就要骂出来，有情绪就要发泄，有爱就要讲。我们的青春很快就过去，不要整天怕这怕那。

——佚名

每一个优秀的人，都有一段沉默的时光。那一段时光，是付出了很多努力，忍受孤独和寂寞，不抱怨、不诉苦，日后说起时，连自己都能被感动的日子。

——佚名

不论什么人或事情刺痛了你，都是因为你在乎。只有在意的人和事，才能击中你。人都是被自己打败的。不在乎，就没有什么能伤到你。你的敌人，其实只有你自己。

——佚名

如果一件事在五年后无关紧要，请不要花超过五分钟的时间为它生气。

——佚名

人生很多事就像智齿，最佳的解决方式是拔掉，而不是忍受。

——佚名

我们坠落、破碎、掉入深渊，但我们终会被托起、被治愈，我们无所畏惧。

——佚名

你真正明白了生活，便学会了沉默。

面对生活的风雨，内心已波澜不惊。

和别人倾诉是一种选择，和自己和解才是一种修行。

——佚名

老人言："眼只有装瞎，才不会流泪；嘴只有装哑，才不会吵架；人只有装傻，才不会太累。"

——佚名

当你处于低谷期的时候，不要邋里邋遢，要穿得干干净净、精精神神，给人焕然一新的感觉，这是起势的开始。

——佚名

胖了就减，喜欢就买，没钱就赚，全力以赴，你会很酷，生活如此多娇，何必一地鸡毛。

——佚名

每一座孤岛，都被海紧紧相拥。

——佚名

不知原谅什么，
诚觉世事尽可原谅。

人生是旷野，不是轨道，记得尽兴而归，少掉眼泪。

——佚名

如果你瞄准月亮，即使迷失，也是落在星辰之间。

——佚名

这个世界我们只来一次，一定要做自己喜欢的事情。

——佚名

万物皆有裂痕，那是光照进来的地方。

——佚名

人生的路，难与易都得走；世间的情，冷与暖总会有。别喊累，因为没人替你分担；别言苦，因为没人替你品尝；别脆弱，因为没人替你坚强。

——佚名

即使没有人为你鼓掌，也要优雅地谢幕，并感谢自己的认真付出。

——佚名

慢品人间烟火色，闲观万事岁月长。

愿万般熙攘，都化清风朗月，四方梦想皆能如愿以偿。

——佚名

爱你所爱，行你所行；听从你心，无问西东。

——佚名

登上生活的贼船，就要做快乐的海盗。

——佚名

趁阳光正好，趁微风不燥。趁繁花还未开至荼蘼，趁现在还年轻。还可以走很长很长的路，还能诉说很深很深的思念。去寻找那些曾出现在梦境中的路径、山峦与田野。

——佚名

如果要给美好的人生一个定义，那就是惬意。如果要给惬意一个定义，那就是三五知己，谈笑风生。

——佚名

人生低潮时，就多为自己做点事吧，读书、跑步、旅行，越是艰难的时刻，越要自己撑自己。

——佚名

人生，总会有不期而遇

的温暖和生生不息的希望。不管前方的路有多难走，只要走的方向正确，不管多么崎岖不平，都比站在原地更接近幸福。

——佚名

青春，是与七个自己相遇。一个明媚，一个忧伤，一个华丽，一个冒险，一个倔强，一个柔软，最后那个正在成长。

——佚名

成熟就是，以前因一点小事就多愁善感，现在即便千山万水，单枪匹马也可以应付得来。有的路，你必须一个人走，这不是孤独，而是选择。

——佚名

所谓的成长恰恰就是这么回事，就是人们同孤独抗争、受伤、失落、失去，却又要活下去。

——佚名

我们最终都要远行，最终都要跟稚嫩的自己告别。也许旅途有点艰辛、有点孤独，但熬过了痛苦，我们才能得以成长。

——佚名

生活有无数的形式，有多种生活方式。他人看到自然，自己却活得不自然；自己看到自然，别人却活得不自然。人生在世，过自己喜欢的日子，就是过最好的日子，活自己喜欢的活法，就是最好的活法。

——佚名

储备阳光，必有远方，心有暖意，又何惧人生荒凉。

——佚名

成长就是，从前我难过的时候，油盐不进，茶饭不思，现在能一边流泪，一边去厨房给自己下碗面，还不忘加俩荷包蛋。

——佚名

我始终相信，走过平湖

烟雨、岁月山河，那些历尽劫数、尝遍百味的人，会更加生动而干净。

——白落梅

真正能治愈你的很少是人类，而是睡眠、美食、自然、软萌的小动物，以及有钱。

——佚名

何为"断舍离"？"断"，断绝不需要的东西；"舍"，舍弃掉没用的东西；"离"，离开对事物的执念。我们应该清理一下，轻装上阵。

——佚名

04

放肆

Presumptuous

爱自己是终身浪漫的开始

别人怎么对你，都是你教的。

不要太乖，不想做的事情可以拒绝，做不到的事情不用勉强，

不喜欢听的话可以假装没听见。

人生不是用来讨好的，每个人都要善待自己。

真正厉害的人与人生的赢家，掌握了九字箴言：不着急、不害怕、不要脸。

——冯唐

我的诗歌，只是为了取悦我自己，与你无关。

——余秀华

我们生而独特，何必费力合群。

——余华

如果低头了还得寸进尺，那就抬起头、挺起腰，不择手段撂到他。无论是谁，你待我如何，我便待你如何，是规律，也是礼貌，如果善良得不到尊重，那就让它长刺。

——杨绛

孤独的最高境界：自己满溢，自己降露，自己做焦枯荒野上的雨。

——弗里德里希·威廉·尼采

顶级的能力是屏蔽力，任何消耗你的人和事，多看一眼都是你的不对。

生活是属于每个人自己的感受，不属于任何别人的看法。

——余华《活着》

没人要看真正的你，就是要看演出来的你。

——佚名《梦想照进现实》

楼下一个男人病得要死，那间壁的一家唱着留声机；对面是弄孩子。楼上有两人狂笑；还有打牌声。河中的船上有女人哭着她死去的母亲。人类的悲欢并不相通，我只觉得他们吵闹。

——鲁迅《小杂感》

人一到群体中，智商就严重降低。为了获得认同，个体愿意抛弃是非，用智商去换取那份让人倍感安全的归属感。

——古斯塔夫·勒庞《乌合之众》

你对人人都喜欢，也就是说，你对人人都漠然。

——奥斯卡·王尔德

我独处时最轻松，因为我不觉得自己乏味。即使乏味，也自己承受，不累及他人，无须感到不安。

——周国平

没有所谓的玩笑，所有的玩笑都有认真的成分。

——西格蒙德·弗洛伊德

在世间，本就是各人下雪，各人有各人的隐晦与皎洁。

——今山事《一杯茶垢》

不要让我们的大脑，成为别人的跑马场。

——弗里德里希·威廉·尼采

人的一切烦恼的根源就是人际关系。为什么呢？因为你总想获得别人的认可。

——阿尔弗雷德·阿德勒《被讨厌的勇气》

你那么憎恨那些人，和他们斗了那么久，最终却要变得和他们一样，人世间没

有任何理想值得以这样的沉沦作为代价。

——加夫列尔·加西亚·马尔克斯《百年孤独》

年轻时，我会向众生索要他们能力范围之外的：友谊长存，热情不减。如今，我明白只能要求对方能力范围之内的：陪伴就好，不用说话。

——阿尔贝·加缪

心软和不好意思，只会杀死自己；理性的薄情和无情，才是生存利器。

——威廉·萨默塞特·毛姆

我从前以为我们无法一起生活的原因是你太坏，后来我才知道是我太好。

——张小娴《卖海豚的女孩》

可惜现实生活中的爱情并不是那么的对等。 当你爱得更多，付出更多的时候，你自己都会发觉自己的卑微。

——张爱玲

"算了，他就是这样，我又不是不知道的。"每一次在心里跟自己说这句话的时候，包含了多少理解？却也包含了多少心碎和失望？

——张小娴

她为什么要渴望一个不爱她的人爱上她，而不是渴望自己不再爱一个不爱她的人？第一个愿望太卑微了。

——张小娴《致遗忘了我的你》

他不爱你，那么，他的

条件再怎么好，你追逐的只是一个虚幻的梦，只是一份自怜和自欺。当青春都老了，就连他一个温存的微笑你也不曾拥有过。他始终不爱你，你却已经错过了那个爱你的人。你执着的，是一个多么卑微的希望？你守着的，是多么不对等的爱？

——张小娴《你会想念你自己吗》

要是不幸福，何必勉强成双成对？百步之内，若无芳草，那就多走一千步吧。人生的百转千回，是你心碎、绝望和孤单的时候无法想象的，熬过去，就是青山绿水。

——张小娴

生气就好像自己喝毒药而指望别人痛苦。

我为我喜爱的东西大费周章，所以我才能快乐如斯。

——欧内斯特·米勒尔·海明威《太阳照常升起》

别不好意思拒绝别人，别人都好意思为难你，你如果还客气，那就是你蠢。别高估关系的庸俗，别低估利益的价值，别试探人心的善恶。

——刘震云

凡是令我倾心的书，都分辨不清是我在理解它还是它在理解我。

——木心

我们提倡自律，不是为了取悦别人，而是当你站在镜子前或者出现在照片上时，你的亭亭玉立或者翩翩风度，你的坦坦荡荡或者落落大方，

连你自己都会目不转睛。

　　——老杨的猫头鹰《成
年人的世界没有容易二字》

　　我并不内向，也不是不
合群，我只是不想搭理那些
人罢了。我不愿暴露我的灵
魂，让那些好奇的凡夫俗子
瞧个没完。

　　——奥斯卡·王尔德

　　玫瑰不必长成松柏，喜
好不用被制约。

　　——《大侦探第八季》

　　一切特立独行的人格，
都意味着强大。

　　——阿尔贝·加缪

　　我不敢下苦功琢磨自己，
怕终于知道自己并非珠玉；
然而心中又存着一丝希冀，

便又不肯甘心与瓦砾为伍。

　　——中岛敦《山月记》

　　一个人是否高贵，并不
在于别人如何去看他，而在
于他自己如何看待自己。

　　——赫伯特·斯宾塞

　　我的幸福只有一种源头，
它只滋生于内心，它和外部
的现实秩序没有一点关系。

　　——李娟《记一忘三二》

　　我得出的结论是，人必
须生活在自己觉得最开心的
地方。人生短暂，长眠无期。

　　——胡安·鲁尔福《金鸡》

　　总觉得忍一忍之后就会
好起来，真笨，人家不就是觉
得你会忍一忍才这样对你吗?

　　——余华

你不必去迁就所有人，
在乌鸦的世界里，天鹅都是有罪的。

生命是自己的画板，为什么要依赖别人着色。

——汪国真《许诺》

我觉得每个女子，都不应当做笼中雀，该绝云气，负青天，飞到南海去。

——电视剧《大理寺少卿游》

在一起时，恩恩义义；分开时，潇潇洒洒。

——汪曾祺

如你所说，我是自己生命的主宰。

——电视剧《阳光姐妹淘》

没错，无论是神仙还是咸鱼，那都只是个附加的身份，在任何的身份里最核心的力量都是你自己，那个独一无二的自己。

——《咸鱼哥》第二季

如果你的出发点就是讨人喜欢，你就得准备在任何时候、在任何事情上妥协，而你将一事无成。

——玛格丽特·希尔达·撒切尔

如果你是出色的，不需要证明你是出色的，别人自然会看到；如果你是平庸的，不需要证明你是平庸的，别人还是同样会看到。

——李笑来

原来，美美地睡上了一个好觉之后，不管是人还是青蛙，心情都会变好起来呢。

——新美南吉

明确的爱，直接的厌恶，真诚的喜欢。站在太阳下的坦荡，大声无愧地称赞自己。

——黄永玉

玫瑰之所以成为玫瑰，是因为它就是玫瑰本身，是天经地义的自己。

——格特鲁德·斯坦

一直都是一个人，也就更擅长取悦自己。

——山本文绪

不要害怕孤独。因为这个世界上，肯定有一个人，正努力地走向你。

——宫崎骏《龙猫》

你本来就很可爱，这和有多少人爱你无关。

——加藤谛三

雨不会一直下，我的意思是说：我们终将会等到一个暖乎乎的夏日，且单单为我。

——毕淑敏

我们必须像一座山，既满生着芳草鲜花，又有极坚硬的石头。

——老舍

你对着有趣的人，你并不必多谈话，只是默然相对，心领神会，便可觉得朋友中间无上至乐。

——朱光潜《谈静》

我喜欢我的懦弱，痛苦和难堪也喜欢。喜欢夏天的光照、风的气息、蝉的鸣叫，喜欢这些，喜欢得不得了。

——村上春树《寻羊冒险记》

别太较真，人生就是偶尔取笑一下别人，偶尔被别人取笑一下。

——朱德庸

天上有多少星光，世间有多少女孩，但天上只有一个月亮，世间只有一个你。

——亚历山大·谢尔盖耶维奇·普希金

生活就是你的艺术，你把自己谱成乐曲，你的光阴就是十四行诗。

——奥斯卡·王尔德

你能成为世上最成熟、最甜美的那颗桃子。但记住，这世界上总有些人讨厌桃子。

——蒂塔·万提斯

"你长大想成为什么样的人呢？"

"怎么了，难道我就不能成为自己吗？"

——电影《阿甘正传》

我可怜吗？我还觉得我可喜可贺呢。

须知道，风景年年依旧，而流光一去不回头。无论是归入沧海，还是归于山林，简单地做自己就好。

——白落梅

别人怎么看待你，这只是阶段性的"运"，你怎么看待自己，这才是一生的命运。

——半山《半山文集》

知交零落实是人生常态，能够偶尔话起，而心中仍然温柔，就是好朋友。

——三毛《朋友》

我们大可以活成我们自己，活得更特色一点、更真实一些，反正还是会有人喜欢你、有人不喜欢你，但至少你会更喜欢你自己。

——陈果《好的孤独》

你要做的是，果断拒绝那些给你制造不安的人，远离那些让你经常陷入负面情绪的人，失去他们，是你幸福的开始。

——加藤谛三

有些人的心防很高，因此朋友不多、爱情也少。不过他们仍是坚持自己的原则：高墙巨垒，翻不过来的都是路人。只要能用心翻过来的，都是一辈子。

——苏芩

所谓的中年危机，真正让人焦虑的，不是孤单，不是贫穷，更不是衰老，而是人到中年你才发现，你没有按照自己喜欢的方式活过。这烟火人间事事值得，事事也遗憾呀！该用多懂事的理智去压抑住心中的难过和不甘。

——余华

别人是会离开的，但你自己一直都在。所以每天好好吃早餐，房间里常备鲜花，偶尔给自己买礼物。生活的秘密不过如此。那些平静之中留在你生命里的，就是你想要的，也是真正属于你的。不必多，但要好。

——陶立夏《其他人是会离去的》

我的房间很小，我就把

窗户开得很大；

我的情感很重，我就把诺言许得很轻；

我的往昔很空，我就把今天填得很满；

我的喜悦很少，我就把笑容积得很多。

——于娟《此生未完成》

好好吃饭，好好睡觉，好好地生活下去，绝大多数的事情都能迎刃而解。

——中村恒子《人间值得》

每个人在这个陌生而残酷的世界中停留的时间都那么短暂，却还要处心积虑地让自己如此的不快乐，实在是很奇怪的事情。

——威廉·萨默塞特·毛姆

在不开心的时候不要玩手机，去跑跑步，去吃东西，去逛街。总之你要动起来，持续地坐在同一个地方低着头，会想哭，会想打瞌睡，会做不好的梦。

我好久没有以小步紧跑去迎接一个人的那种快乐了。

——木心

忧来无方，窗外下雨，坐沙发，吃巧克力，读狄更斯，心情又会好起来，和世界妥协。

——列夫·尼古拉耶维奇·托尔斯泰

每天在这时候读几页所喜欢的书，将一天的压迫全驱净了，然后再躺下大睡，也是生平快事罢。

——季羡林

在冬天我要做一个毛茸茸的人，穿着厚毛衣和大棉袄，戴长围巾和小手套，不算计，不思考。

——尹丽川

钱给了我世上最珍贵的东西——独立自主。现在只要我愿意，就可以叫任何人见鬼去，真是开心到无法想象。

——威廉·萨默塞特·毛姆

最喜欢的就是上床到入睡前的这短暂时刻，一定要拿饮料上床，听听音乐或看看书。

——村上春树

大部分同学是来寻找真理、寻找智慧的。我寻找什么？寻找潇洒。

——汪曾祺

睡觉，在所有动词中，是最让我神魂颠倒的词。语言的余韵和芳姿，都仿佛即将融化，安安静静，如同梦一般，又仿佛滚圆朴素的弹子糖。

——江国香织

一个人待着真是太好了！可以对我们自己大声说话，可以在没有他人目光相加的情况下走来走去，可以往后靠一靠，做个无人打搅的白日梦。

——费尔南多·佩索阿

你做不做运动？散不散步？有没有每天大笑三次？有没有深呼吸？吃得够不够营养？以上都是快乐的源泉之一二，请一定试试看。

——三毛《亲爱的三毛》

一个人到世界上来，来做什么？

爱最可爱的、最好听的、最好看的、最好吃的。

——木心

我以为，最美的日子，当是晨起侍花，闲来煮茶，阳光下打盹，细雨中漫步，夜灯下读书，在这清浅时光里，一手烟火一手诗意，任窗外花开花落，云来云往，自是余味无尽，万般惬意。

——汪曾祺《慢煮生活》

一个人为什么要吃零食？零食的必要性何在？

很简单：我们的生活充满了乏味的劳作和无尽的苦工，我们需要一丁点儿的乐趣去驱散越来越浓的黑暗。因此，我们小小地款待一下自己。

——内森·希尔

在夏天，我们吃绿豆、桃、樱桃和甜瓜。生命在各种意义上都漫长且愉快，日子发出声响。

——罗伯特·瓦尔泽《夏天》

我发自内心地觉得，在寂静漆黑的夜晚，抱着双膝享受蓝色的天空，点缀其上的白色小星星，以及深不见底的大海是很棒的乐事。真是奢侈的享受。

——伊坂幸太郎《奥杜邦的祈祷》

庭前竹椅，一杯清茶，一卷好书，与碧山白云相对，这样的生活，恍如我们的前世。

——陈应松

自己喜欢的东西，
就不要问别人好不好看，
喜欢胜过所有道理，
原则抵不过我乐意。

人间有许多事，想一想觉得很有意思。有时一个人坐着，想一想，觉得很有意思，会扑哧笑出声来。把这样的事记下来或说出来，便挺幽默。

——汪曾祺《彩云聚散》

没有再比我的房间更讨厌、更简陋的地方了，但是讨厌和简陋的另一种说法，可能是熟悉和舒适。

——电视剧《请回答1988》

生命久如暗室，不妨碍我明写春诗。

舒适是我继续一切关系的标准。

要永远记住，你的新衣服，是用来讨好自己的，你的人生也是。

——姜夔

现在我才知道，宅在家里独处的乐趣，有一半来自随时可以外出。

——马伯庸

人终有一死，而我还活着，走，吃晚饭。回家！

——斋藤茂吉

不是我在料理植物，而是植物在料理我。培土，拔草，浇水，晒阳光。不是别的，是我的心。

——沈熹微《在人群中消失的日子》

重要的是，有一个健康的身体，一颗感知清风明月的心，和跟人说话时不会躲闪的眼神。

——韩梅梅《今天的我有点热爱生活》

我只知道什么年纪做什么事，该疯一点的时候不疯，可能更容易后悔一点。以后有几十年的时间给你去瞻前顾后，急什么。

——木苏里《某某》

觉得贪恋是个美好的词。有欢可贪，有人可恋，活得兴高采烈。要经过多少贪恋，才知道平平静静不等于意兴阑珊。

——张嘉佳

朋友或者同学请客，没有叫上你的时候，不提、不问、不打听。

——花洛云

一个人的时候，自己哄自己，烦了、累了、不开心了、难受了，找点开心的事，自己把自己哄明白，比啥都强。

——佚名

人生不过三万天，今天是三万分之一的开心。

别听世俗的耳语，去看自己喜欢的风景。

日子平淡，好在我喜欢。

——佚名

在你拍月亮或者日落的时候，你会发现拍出来的并没有真实中看到的美，但你不会认为是天空不好看，因为你知道相机不能真正捕捉到天空的美。你应该以同样的方式去看待自己，事实上，你和晚霞一样耀眼。

——佚名

你如果缓缓把手举起来，举到顶，再突然张开五指。

那恭喜你，你刚刚给自己放了个烟花。

——佚名

别总说对不起，因为本就没关系，得失随意，不强求，也无须挽留。

远离喧嚣，静心悦己，途中风景，走过的路，都值得被记录。

——佚名

人间清醒的四大法则：

不被"拿捏"、不信承诺、不吃"大饼"、不听故事。

——佚名

那些在感情中只求付出、不求回报的，往往都会"如愿以偿"，得不到任何回报。

——佚名

当你过于在意一件事情对自己的影响，当你过分关注别人对你的看法，你就会对这个世界产生不间断的猜疑。过度思考，最后衍生的并不是问题的答案，而是消极无比的情绪。

——佚名

每个人的花期不同，不必焦虑别人比你提前拥有。

——佚名

要是你老是认为自己配不上一个更好的人，那么，你也永远无法成为一个更好甚至最好的自己。

——佚名

开心这种事，自己埋单比较容易实现。

——佚名

请爱上照顾自己的感觉。把你的幸福置于一切之上。

——佚名

我的皮囊不够好看，灵魂也不算有趣，我生于尘埃，溺于人海，关于我的一切都平淡得不像话。即便这样，我也是宇宙的孩子，和植物、星辰没什么两样。

——佚名

你有没有发现，当人们无法控制你的时候，他们就开始讨厌你，因为你不好支配了。所以，不用在意。

——佚名

合群应该是买一双尺码合适的鞋，而不是削足适履。

——佚名

有时候，我们明明原谅了那个人，却无法真正快乐起来，那是因为，你忘了原谅自己。

——佚名

喜欢你的人，永远不忙；不喜欢你的人，从不熬夜，洗澡都要二十八个小时。

——佚名

外界的声音都是参考，你不开心就不要参考。

——佚名

我学会了人生一门很大的功课，就是"漠然"。对于一切占我小便宜、讽刺我、不理我、任性对待我的精神虐待，我都漠然或者说淡然处之。

——佚名

你不要怕得罪人，因为得罪人比得抑郁症划算得多。

——佚名

别人看到的是鞋，自己感受到的是脚，切莫贪图了鞋的华贵，而委屈了自己的脚。

——佚名

如果你年纪再大点，肯定会懂得，不该多管闲事。如果你把头稍稍向左转，就会看到，那边有一扇门。再见！

——佚名

吃得好一点，睡得好一点，多玩玩，不羡慕别人，不听管束，多储蓄人生经验，死而无憾，这就是最大的意义吧，一点也不复杂。

——佚名

我本是青山，多起落，不徘徊。

——佚名

就像山看水，水流山还在，喜欢之人只管远去，我只管喜欢。

——佚名

别总因为迁就别人就委屈自己，这个世界上没几个人值得你总弯腰。弯腰的时间久了，只会让人习惯于你的低姿态，你的不重要。

——佚名

最浅薄的关系就是，你一件小事没顺着他的心，就会让他忘记了你全部的好。

——佚名

余生没有那么长，请你

你来人间一趟，
你要看看太阳，和你的心上人，
一起走在街上。

对自己忠诚,活得还像自己。

——佚名

有人说生命始于三十岁,有人说生命始于五十岁。其实都不对,生命始于你不再取悦围观者的那一天。

——佚名

不喜欢的就不要假装,不适合的就不要勉强,生活已经那么不容易了,何必再委屈自己。

——佚名

"怎样才能找到真正的自己?"

当你开始想要成长成自己的希望,而不是任何人的期待。

——佚名

当一个人回复你的消息很慢或直接不回时,别担心他出了什么事,他只是在陪比你重要的人或者在做比你重要的事。

——佚名

不要高估了你和任何人的关系,更不要低估了人性的逐利规则,做好自己,亲疏随缘。

——佚名

以前傻傻地追根问底,如今浅浅地笑而不语,允许自己做自己,也允许别人做别人。

——佚名

人一定要改掉的四大毛病:改掉轻易的掏心掏肺,改掉毫无底线的心软,改掉一错再错的忍让,改掉没有原则的善良。

——佚名

人生有两个误区：一是生活给人看，二是看别人生活。你不必向别人证明什么，只要你自己感到快乐。别光顾着别人，使自己脚底下的路也走错了。

——佚名

嘴长在别人身上，耳朵在自己身上，说不说，是他们的事，听不听，是你自己的事，要学会微笑去面对。

——佚名

总会有人说你好，也会有人说你不好，但只要做人做事问心无愧，就不必执着于他人的评判。无须看别人的眼色，不必一味讨好别人，

那样会使自己活得更累。

——佚名

你永远不知道自己在别人嘴里有多少个版本，所以做好你原本的样子就好。若想懂我，就请亲自来懂；若是讨厌，尽情讨厌。

——佚名

得罪几个人，做错几件事，其实没那么可怕，一辈子活得委曲求全、战战兢兢才最可怕。

——佚名

要适应这个世界的温度，不论季节还是人心。

——佚名

讨好了所有的人，就意味着要彻底得罪了自己，辜

负了真实的内心。

——佚名

长大后才知道，"尽量不给别人添麻烦，别人最好也别麻烦我"这句话不是冷漠，而是成熟。

——佚名

以后只对两种人好，一种是对我好的人，一种是懂得我的好的人。在这短暂的生命里，一个人的温暖也是有限的啊，一点都不能浪费。

——佚名

人一旦寒了心，再多的后悔与道歉，都挽回不了最初的心，你不懂我的突然沉默，又怎么会懂我不想说的难过。

——佚名

别人喜不喜欢你，不重要。

把着眼点放在做事上，大概率事情做好了，喜欢会随之而来。

——佚名

你的存在本身就是意义，就是价值，就值得被爱，无须证明。你本自具足，天生圆满，你是美好的，你是用心的，让花成花，让树成树，让别人成为别人，让自己成为自己。

你的灵魂在慢慢苏醒，你的意志力在增强，你不再被他人干扰，不再被他人左右，不再渴求他人的陪伴，享受独处。没有人能再轻易改变你，唯一能动摇你的只有你。

——佚名

我绕着梦想一路转，你看到了哪一段，
不喜欢哪一段，都感谢收看。

你可以为自己着想，你可以自私一点，你终会明白自爱就是好好照顾自己的需求，需求是你的一部分，要尊重自己的需求。要照顾好自己，好好爱自己。

——佚名

欲望的背后是匮乏感，绝大多数的匮乏感，都是后天人为制造出来的。而你本自具足，天生圆满。你唯一要警醒的，是不要听外界告知你，你必须拥有什么。

——佚名

你之所以总是被欺负，长时间深陷于恐惧焦虑之中，是因为从不主动离开那些伤害自己的环境，从不拒绝反抗那些伤害性的语言。不要把自己放在其他人的眼

里，不要给别人机会给你贴标签，不要把别人看得比自己还重。

——佚名

我不是最好的，却是你再也遇不到的。学会长大，一个人也可抵过千军万马。

——佚名

厌倦身边人和事的时候，最好的方式不是与之纠缠，而是更加努力，付出更多努力离开他们，去到更好的圈层。

——佚名

喜欢的事物，无须他人点赞，喜欢本身就是最美的风景。原则、道理，都不及我愿意。

——佚名

我允许自己被否定，但无须认同，也不会在意。

——佚名

如果你对社交抗拒却又不得不面对，就把自己想象成一个演员，这场社交就是一出戏，会让自己轻松很多。

——佚名

要是你什么都能原谅，那你经历的都是活该。

——佚名

真正厉害的人都是一半君子一半狠人，既有菩萨心肠，又有金刚手段。因为做好人容易被欺负，做坏人容易被孤立。

——佚名

你生命中 90% 的人都是

可以得罪的，人可以善良，但也要有锋芒。

——佚名

没必要对所有人都好，有些人不可深交，有些人甚至连认识都是一种错。

——佚名

心软和不好意思，只会杀死自己。守住原则又不失善良的薄情和寡义，才是生存利器。

——佚名

成长的标准就是：拒绝别人以后，没有任何的愧疚感。

——佚名

陌生人欺负你，能让则让，转身就是陌路；熟人欺负你，立马反击，有一次就有无数次。

——佚名

不要像丫鬟一样轻易被人使唤，乐于助人和任人驱使是两回事。

——佚名

到新单位，不要抢着干所有活儿，否则，你以后的活儿会更多。

——佚名

不要轻易原谅伤害过你的人，否则他们只会得寸进尺。

——佚名

如果善良得不到尊重，那么解决人际矛盾最直接的办法，就是翻脸。

——佚名

无论什么关系，全身心地投入感情，基本上都会以悲剧收场。

——佚名

如果你让讨厌你的人，产生了嫉妒和愤怒，那一定是你做对了什么。

——佚名

不要小瞧那些独自吃饭的人，他们往往有明确的目标，伪合群只会浪费时间。厉害的人都是在暗处打磨自己。

——佚名

你怕的越多，欺负你的人就越多，你什么都不怕，反倒没人敢欺负你了。

——佚名

没人会在意你受了多少的委屈，他们只会在你情绪爆发的时候，指责你不懂事。

——佚名

要做一个心狠的人，不代表不善良，而是在关键时刻，要懂得决断。

——佚名

不要轻易同情任何人，你同情谁，你的潜意识里就会自动背负谁的命运。

——佚名

考虑别人的感受之前，不妨再考虑一下，别人有没有考虑你的感受。

——佚名

挑你毛病的人，只是想在你面前立威，并不是你真的有毛病。

故意让你难堪的人，100%都是因为看不起你，而不是他情商低。

——佚名

所有伤害你的人，都是故意的。他在伤害你的时候就已权衡利弊，他会不断地对比，最后选择了伤害你。

——佚名

你越霸气，越有底气，越会有人尊重你；你越是迁就、包容，别人越会不拿你当回事。

——佚名

不要对一个人太好，时间久了，会变成理所当然。

——佚名

只要你态度冷淡一点，行为孤僻一点，就可以吓退80% 消耗你的人。

——佚名

不要跟猪摔跤，因为同样粘了一身烂泥，你会难受，但猪会享受。

——佚名

越卑微地讨好，越是吃力不讨好，只有势均力敌，才能并肩而行。

——佚名

对于刚认识的人不要太热情，你越热情，别人会越瞧不上你。

——佚名

人生没有必要把太多的人请进生命里，因为当

他们走不进你的内心，就只会把你的生命搅扰得拥挤不堪。

——佚名

善良并不代表好欺负，你可以不去扎人，但身上必须有刺。没必要委屈自己来讨好别人，配不上你善良的人，根本不值得你留恋。

——佚名

如果你认为人人皆善，那说明你圈子里的人不多。善良从来不是一件容易的事，错误的善良不会将他人带到天堂，只会拖累自己掉入地狱，任何没有底线的善良，都是一场灾难。

——佚名

饭吃七分饱，待人七分

偶尔对自己好些，偷个小懒，
抽点小风，花点小钱，不算伤天害理。

好，停止过度的帮助，你的善良才有意义和价值，没有边界的心软，只会让索取者得寸进尺，毫无原则的退让，只会让欺凌者为所欲为，越是善良的人，到最后越无情。

——佚名

永远不要让你的筹码只剩老实和善良，大家都喜欢老实人，却不会尊重老实人。

——佚名

当一个人不尊重你的时候，收起你的大方，不要沟通，不要交流，也不要愤怒和难过，你只需无视和远离。

——佚名

"吃亏是福"并不是吃过亏的人说的，而是那些准备占你便宜的人说的。

——佚名

敬人不必卑微，有礼有节即可。

——佚名

人生三大错误：向糊涂人说明白话，和不靠谱的人做正经事，和无情的人谈感情。

——佚名

要远离那些不出钱、不出力，而且建议特别多的人，可敬之，但必须远之。

——佚名

无论在谁面前，只要你不欠他的，就没必要唯唯诺诺。

——佚名

如果有人让你不舒服了，相信自己的直觉，这人跟你不是一路人。

——佚名

这世上除了你自己，没有人能真正懂你，角度不同，又怎能互相理解？位置不同，又怎能感同身受？总有人站在他的立场来指责你，但从没有人知道你这一路走得有多辛苦，有多难。

——佚名

可以短时间不开心，但别长时间不清醒。

——佚名

允许自己崩溃，但也要学会自愈。

——佚名

人人都有苦衷，事事都有无奈，不要羡慕别人的辉煌，也不要嘲笑别人的不幸。

——佚名

追不上的别追，看不惯的不看，渐行渐远的随意，不属于自己的放手，做自己想做的事，见自己想见的人，简简单单，随遇而安。

——佚名

05

精进

Enterprising

像大人一样生存，像孩子一样生活

生活既要冷冷清清，也要风风火火。

最好的生活状态，不是羡慕别人，而是精雕自己，把自己

活成一道风景。

有时候，坚持了你最不想干的事情之后，便可得到你最想

要的东西。

越是艰难处，越是修心时。

你是风啊，别怕大山，翻过它就是了。

——网易云乐评《不被定义的风》

一个人要像一支队伍，对着自己的头脑和心灵招兵买马，不气馁，有召唤，爱自由。

——毕淑敏《一个人要像一支队伍》

只要活着，就不算是坏结局。我们尚在途中，今后仍要继续。

——佚名《火花》

不是只有礼物和花才浪漫，愿意听我碎碎念也很浪漫。

——村上春树

当上天赐予你荒野时，就意味着，他要你成为高飞的鹰。

——简媜《荒野之鹰》

不管幸与不幸，都不要为自己的人生设限，以免阻挡了生命的阳光。

——摩西奶奶《人生随时可以重来》

我的梦想，值得我本人去争取。我今天的生活，绝不是我昨天生活的冷淡抄袭。

——司汤达《红与黑》

一个人只要有意志力，就能超越他的环境。

——杰克·伦敦《马丁·伊登》

在任何一个领域里有

所成就的人，都是长期主义者，因为他们敢进窄门，愿走远路。

——沃尔特·米歇尔

走得快的人，未必一路遥遥领先；走得慢的人，或许会收获意外的惊喜。关键的不是速度，不是快慢，而是找到属于自己的节奏。在此之前，我们需要多一点耐心。

——一禅小和尚

我以为别人尊重我，是因为我很优秀，后来才明白，别人尊重我，是因为别人很优秀。

——刘慈欣《三体》

不要轻易去依赖一个人，他会成为你的习惯。当分别来临，你所失去的不是某个

人，而是你的精神支柱。

——宫崎骏

当你明白自己想做的是什么，就会渐渐看清什么是不需要的。反之，在目的尚不明确时，不必急着挑选、取舍。哪怕效率低下、绕了远路也没关系。不带成见地去多接触世界吧。直到目标明确了，不需要的东西就能顺其自然地舍弃。

——迈克尔·辛格《清醒地活：超越自我的生命之旅》

你不会的东西，觉得难的东西，一定不要躲，先搞明白，后精湛，你就比别人优秀了。

因为大部分人都不舍得花力气去钻研，自动淘汰，所以你执着的努力，就占了

大便宜。

——稻盛和夫

如果一个人充满了快乐、正面的思想，那么好的人、事、物都会和他起共鸣，而且会被他吸引过来。

——张德芬《遇见未知的自己》

灵魂如果没有确定的目标，它就会丧失自己，因为俗语说得好，到处在等于无处在，四处为家的人无处为家。

——米歇尔·德·蒙田

梦想是愉快的，但没有配合实际行动计划的模糊梦想，则只是妄想而已。

——路易斯·沃克

只管往前走，不要回头看，完成的皆已完成。不必为所有的问题匹配答案，有些问题时间会给出答案，有些问题会自行消失。

——西加奈子《草莓、极光与火焰》

将喜欢的一切留在身边，这就是努力的意义。

——西加奈子《草莓、极光与火焰》

尽量发挥自己的天赋，用得其所，将来一定能在成功的路上登峰造极！

——沙奎尔·奥尼尔

当发现一件事，有四成的把握时就可以做了，否则，机会将不再是机会。

——马云

对自己心目中喜欢的世界有一幅清晰的图画，你就会集中精力和资源于你所选定的方向和目标上，因而你也就更加热心于你的目标。

——丁磊

我当年学英语，没有想到后来英语帮了我的大忙。所以，做任何事情只要你喜欢，只要你认为对的，就可以去做。

——马云

无论你在什么行业有什么样的技能，都应该向往和争取顶尖的位置。追求卓越的品质，不仅造就各个领域的杰出人物，也促使每一个普通人在未来创造奇迹。

——曾仕强

我们命定的目标和道路，不是享乐，也不是受苦，而是行动。在每个明天，都要比今天前进一步。

——亨利·华兹华斯·朗费罗

许多天才因缺乏勇气而在这世界消失。每天，默默无闻的人们被送入坟墓，他们由于胆怯，从未尝试着努力过；他们若能接受诱导起步，就很有可能功成名就。

——席巴·史密斯

人生就像挤火车，你上去的时候感觉很挤，但只要你愿意晃荡，挤来挤去总能找到个不挤的地方，偶尔还有一个座。

——李彦宏

永远，永远，不要放弃！

——温斯顿·伦纳德·斯宾塞·丘吉尔

最初所拥有的只是梦想，以及毫无根据的自信而已。但是，所有的一切就从这里出发。

——孙正义

我们每一个人都应该像树一样地成长。

——俞敏洪

人有了物质才能生存，人有了理想才谈得上生活。你理解生存与生活的不同吗？动物生存，而人则生活。

——维克多·雨果

梦想无论怎样模糊，总潜伏在我们心底，使我们的

心境永远得不到宁静，直到这些梦想成为事实才止；像种子在地下一样，一定要萌芽滋长，伸出地面来，寻找阳光。

——林语堂

人不光是靠他生来拥有的一切，而是靠他从学习中所得到的一切来造就自己。

——约翰·沃尔夫冈·冯·歌德

生命只有一次，不动才是最大的风险。主动选择后，失败了不会后悔。被动的变化一旦遭遇失败，人往往感叹命运不济。

——王石

我们无论如何也买不到

万无一失的保险，但我们可以做到的是下定决心去实行我们的计划。

——约翰·洛克菲勒

我相信，任何人只要去做他所恐惧的事，并持续地做下去，直到有获得成功的纪录做后盾，他便能克服恐惧。

——富兰克林·德拉诺·罗斯福

不是因为有些事情难以做到，我们才失去了斗志，而是因为我们失去了斗志，那些事情才难以做到。你若不想做，会找到一个借口；你若想做，会找到一个方法。

——张瑞敏

在真实的生命里，每番伟业都由信心开始，并由信心跨出第一步。

——奥格斯特·冯·史勒格

人生是个积累的过程，你总会有摔倒，即使跌倒了，你也要懂得抓一把沙子在手里。

——丁磊

跟生活的粗暴打交道，碰钉子，受侮辱，自己也不得不狠下心来斗争，这是好事，使人生气勃勃的好事。

——罗曼·罗兰

我请舒马茨做对手，是因为他最强大。以强手为对手，是让自己成功的有效捷径，如果成功有捷径的话。

——小乔治·史密斯·巴顿

路会很好走，如果你熟知如何轻装上阵的话。

——爱丽丝·门罗《逃离》

做好现在你能做的，然后，一切都会好的。我们都将孤独地长大，不要害怕。

——寂地

要做伟大的事情，创造一个伟大的企业，应该始终记住：在重要的时刻和伟大的人一起做事情。

——冯仑

致富第一步，离开你身边的蠢人，如果不能，尽量保持距离至少 50 米。

——华尔街投资格言之一

在职场的第一个 10 年，你应该要投资自己。什么叫投资自己？你有没有花很长一段时间，就像我们练功夫一样，先把马步练好？第一个 10 年你不要追求工资。

——何经华

选择什么样的工作，选择什么样的人生。

——安田佳生

如果某件事你做起来特别有热情，而做这件事你又很有天赋，并且你所做的事能给他人带来价值，那么，这件事就应该成为你专注的人生目标。

——吉姆·柯林斯

幸福来自成就感，来自富有创造力的工作。

——富兰克林·德拉诺·罗斯福

尽心就好，允许一切如其所是，也允许所有事与愿违，生活不过是见招拆招。

把每一件简单的事情做好就是不简单，把每一件平凡的事情做好就是不平凡。

——张瑞敏

如果你想要自己活得有价值，那么你就得给别人创造价值。

——约翰·沃尔夫冈·冯·歌德

人的能力强是工作逼出来的，铁肩膀是担子压出来的。

——魏书生

相信自己拥有无限的潜能，并永远将精力放在探索内在的自我和开发自己无限的潜能上头，而不是去抱怨环境，抱怨你无法改变的客观世界，你才能成功。

——董思阳

你的生活深度取决于你对年幼者的呵护，对年长者的同情，对奋斗者的怜悯体恤，对弱者及强者的包容。因为生命中总有一天你会发现其中每一个角色你都扮演过。

——乔治·华盛顿

知人者智，自知者明。胜人者有力，自胜者强。

——老子

业精于勤，荒于嬉；行成于思，毁于随。

——韩愈

学会控制情绪，是一个人成熟的标志，控制好了自己情绪，你的人生就赢了一大半。

——杨绛

意志是一个强壮的盲人，倚靠在明眼的跛子肩上。

——阿图尔·叔本华

形成天才的决定因素应该是勤奋。

——郭沫若

勇猛、大胆和坚定的决心能够抵得上武器的精良。

——列奥纳多·达·芬奇

人间没有永恒的夜晚，世界没有永恒的冬天。

——艾青

过去属于死神，未来属于你自己。

——珀西·比希·雪莱

世界并不是没奇迹，你若不努力，你这辈子估计都不可能会有奇迹。

——雷军

靠山山会倒，靠水水会流，靠自己永远不倒。

——佚名

当你弱时，把最后的口粮捧出去人家都不稀罕。你要强了呢？打一巴掌给个甜枣，人家觉得那枣是真甜啊！

——王志文

一朵成功的花都是由许多雨、血、泥和强烈的暴风雨的环境培养成的。

——冼星海

你不能等别人来安排你的人生，自己想要的自己争取。

——宫崎骏

人生各有渡口，各有各舟，有缘躲不开，无缘碰不到，凡事发生皆有利于我。

——弘一法师

人生最幸福的事，不是活得像别人，而是在努力之后活得更像自己。

——佚名

翻自己的山，渡自己的河，过自己的关。

——佚名

如果这世界上真有奇迹，那只是努力的另一个名字。

——弗里德里希·威廉·尼采

人生的光荣不在永不失败，而在于能够屡败屡战。

——拿破仑·波拿巴

生活就像海洋，只有意志坚定的人才能到达彼岸。

——卡尔·海因里希·马克思

自由与命运只垂青每天努力的人。

——约翰·沃尔夫冈·冯·歌德

改变自己最快的方法，就是做你害怕的事情。

——佚名

要做一件事，总能找到时间和理由；不要做一件事，总能找到借口。

——张爱玲

人的生命力，是在痛苦的煎熬中强大起来的。

——路遥《平凡的世界》

拖延的最大坏处还不是耽误，而是会使你变得犹豫，甚至丧失信心。

——史铁生

只有永不遏止的奋斗，才能使青春之花即便是凋谢，也是壮丽地凋谢。

——路遥《平凡的世界》

生活中真正的勇士向来默默无闻，喧哗不止的永远是自视高贵的一群。

——路遥《平凡的世界》

人处在一种默默奋斗的状态，精神就会从琐碎的生活中得到升华。

——路遥《平凡的世界》

未来不是等待，未来一定是一步一个脚印，用自己的脚丈量出来的。

——撒贝宁

少一点矫情，多一点努力。你想过的那种生活，得自己去挣。

——佚名

挣钱很苦吧，我告诉你，不挣钱更苦，花别人的钱更苦，伸手问别人借钱的时候，更是苦上加苦。

——佚名

人到了一定的年纪，自己就是屋檐，再不能到处躲雨了。

——佚名

你吃完第三个馒头饱了，是第三个馒头的功劳吗？

——佚名

你自己不优秀，认识谁都没有用，所谓的人脉，也只是个笑话；自己不努力，认识多少人都没用，别人想拉你一把，都够不到你的手。

——佚名

今天付出一分努力，可换取明天十分安乐；今天透支一分安乐，可换取明天十分饥寒。人一生中最可怕的是无所事事，最可恨的是无所追求，最可悲的是无所作为。

——佚名

拒绝无效社交，要么成长，要么赚钱。

——佚名

你多学一样本事，就少说一句求人的话。

——佚名

不管任何时候都要有挣钱的能力,这样你才有说"不"的勇气。

——佚名

真正给你撑腰的，是手里的存款、知识的储备和做事的能力，是你心中那个打不败的自己！

——佚名

依赖任何人，都是在慢性自杀，你要明白，大树底下无大草，大树能为你遮风挡雨，同样也会让你长势萎靡。

——佚名

慌张，是因为准备不足；烦乱，是因为思路不清；心累，是因为想法太多；压力，是因为期待太高；急躁，是因为经历不够；恐惧，是因为假想太多；贪婪，是因为欲求太满；懒散，是因为目标不明。

——佚名

请教问题的时候，不要说我不知道，而要说：我想听听你的想法。

——佚名

说话只要声音一低，你的声音就会有磁性；说话只要一慢，你就会有气质；你敢停顿，就能显示出你的权威。

——佚名

当你在想"这句话要不要说"的时候，赶快闭嘴，说出来你一定会后悔。

——佚名

你真正要做的事，连神明都不要讲，安静地去做，成功了再说。事以密成，言以泄败。

——佚名

不要先说话后做事，要先做事后说话。想做的事做成了，还可以不说话。

——陈忠实

把点菜的权利交给领导，如果领导让你点，你不要问领导想吃什么，而是要问他有什么忌口的。

——佚名

生活里 80% 的痛苦，都来自上班，但如果不上班，就会有 100% 的痛苦来自没钱。

——佚名

每当发现自己和大多数人站在一边，就应该停下来反思一下。

——佚名

只有你自己变得足够强大，才能让那些想伤害你的人无能为力。

——佚名

命是弱者的借口，运是强者的谦辞。

——佚名

突破常规的人，得到了常规得不到的。

——佚名

能用金钱解决的问题，就别用人情；能用汗水解决的问题，就别用泪水。

——佚名

一到大场面就胆怯畏缩，是没明白一个道理——所有的淡定自若背后，都是熟能生巧。

——佚名

天底下从古至今，如果一个人没有什么成就，懒是一大原因，事败皆因懒，人废皆因闲，家败皆因奢。一懒毁所有，只有勤才能百弊除。

——佚名

每当你想放弃的时候，请记住，可口可乐第一年只卖了 25 瓶。

——佚名

晨起暮落是日子，奔波忙碌才是人生。

——佚名

这生命不能承受之轻，
相较于重而言，是另一种对生命的侮辱。

这个世界并不在乎你的自尊，只在乎你做出来的成绩，然后再去强调你的感受。

——佚名

你要克服的是，你的虚荣心、你的炫耀欲；你要对付的是，你时刻想要出风头的小聪明。

——佚名

你太用力了，所以走不远。做任何事，一开始就用尽全力，久而久之，会越来越无力。

——佚名

会装糊涂，也肯装糊涂的人，是聪明的人，也是最厉害的人

——佚名

人一旦迷醉于自己的软弱，便会一味地软弱下去，会在众人的目光中倒在街头，倒在地上，倒在比地面更低的地方。

——佚名

彪悍的人生不需要解释，只要你按时到达目的地，很少有人在乎你开的是奔驰还是拖拉机。

——佚名

刚入职或者刚进入一个圈子时，少说话多观察，总是没错的。

——佚名

敌人变成朋友，就比朋友更可靠；朋友变成敌人，就比敌人更危险。

——佚名

成年人的世界，只筛选，不教育；只选择，不改变。

——佚名

我们花了两年时间学会说话，却要花上一辈子学会闭嘴。

——佚名

如果一个想法在一开始不是荒谬的，那它就是没有希望的。

——佚名

能收拾烂摊子的人，就绝对能东山再起，可惜现实中很多人失败了，连直面烂摊子的勇气都没有。

——佚名

早晨不起，误一天的事；幼时不学，误一生的事。自

律的人，往往有着极大的自控力，而能控制自我的人，方能控制人生。

——佚名

喷泉之所以漂亮，是因为它有压力；瀑布之所以壮观，是因为它没有退路；滴水之所以可以穿石，是因为它贵在坚持。

——佚名

骨气这东西，我从来就没丢过，没有天生的好命，只有后天的拼命。

——佚名

三年入行，五年懂行，十年称王，宁愿十年做一件事，也不愿一年做十件事，熬得住就出众，熬不住就出局。

——佚名

成功靠的不是豪言壮志，而是脚踏实地。

——佚名

走好自己的路，过好自己的生活，熬过低配的苦，才能得到高配的生活。

——佚名

自尊不许我低头，倔强不许我认输，我从不投降，没人扶我一样站得漂亮。

——佚名

出生寒门，一生输赢全靠拼，风生水起全靠自己。

——佚名

人生就好像开车一样，一路都是在加油，一路都是在努力、在坚持。

——佚名

喜欢奋斗的人，方法会越来越多；喜欢感恩的人，顺利会越来越多；喜欢拼搏的人，成功会越来越多。

——佚名

保持阳光、积极、包容的心态，好运和正能量就会每天跟着你。

——佚名

成功没有捷径，脚踏实地，一步一个脚印，该来的总会来。

——佚名

不好高骛远，不急功近利，机会是留给努力奋斗的人。

——佚名

很多时候，人生中的每

一次离合，都是为了让你遇到更好的人。

——佚名

人生最重要的是深耕自己，忙其他的事都是庸人自扰，遇到困难要勇往直前，坚持到底，提升自己，才能有成功的可能。

——佚名

凡事日日精进，事事磨炼，坚持每一件小事，才能精进做成大事。

——佚名

请相信坚持的力量，选择一件事，就坚持去做，低头赶路，不问前程，会被越来越多的人看见，也会吸引越来越多的人。

——佚名

懒惰不会让你一下子跌倒，但是会在不知不觉中，减少你的收入。

勤奋也不会让你一夜成功，而是在不知不觉中，积累你的成果。

——佚名

世上没有一蹴而就的成功，只有日积月累的坚持，世界上本没有天才，有的只是持之以恒的努力，奋斗不息的日子，才是最好的人生。

——佚名

不苦不累，人生无味；不拼不搏，人生白活；坚持努力，一定成功。

没有谁的幸运是凭空而来，只有当你足够努力，你才会足够幸运。

——佚名

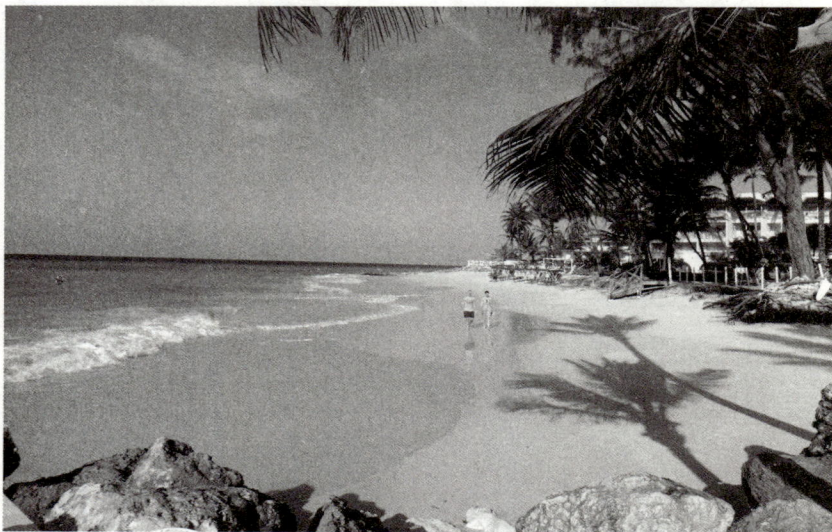

在烟火里谋生，在失意中寻梦，
希望所有的奔赴都有意义。

最好的生活状态，不是仰望别人，而是精雕自己，把自己活成一道风景。

——佚名

只要自己变优秀了，其他的事情会跟着好起来。

——佚名

没人能把你变得越来越好，时间和精力只是陪衬，支撑你变得越来越好的，是你坚强的意志、修养、品行，以及不断的反思和修正。

——佚名

你在哪里付出，就会在哪里得到回报。

——佚名

有些事不是看到希望才去坚持，而是坚持才有希望。

——佚名

没有不劳而获的工作，更不会有坐享其成的收获。

——佚名

想要比别人优秀，那就要比别人用心，先努力付出，才能大方拥有。

——佚名

这世界不会辜负每一分努力和坚持，时光不会怠慢执着而勇敢的每一个人，勇往直前，无畏风雨，才能遇见更好的自己。

——佚名

不要等能力具备了才去做，要边做边学，让自己变好。

——佚名

山再高，往上攀总能登顶；路再长，走下去定能到达。

——佚名

决定你成功的是奋斗，决定你命运的是自己。

——佚名

记住，不要轻易放弃，自己的命运在自己手中。

——佚名

跌倒、失败有何惧，反正路还长，天总会亮。

——佚名

坚持努力，即使进展缓慢，你也在向前迈进。

——佚名

相信自己的价值，不要让

他人的评判左右你的人生。

——佚名

只要还有明天，我们就应该学着奋斗，学着努力，学着尝试新的事物，而不是旁观他人的成功，祝福他人的努力。与其临渊羡鱼，不如退而结网。

——佚名

人生有梦才精彩，脚踏实地才辉煌。

——佚名

成功靠的不是豪言壮语，而是脚踏实地的努力。

——佚名

态度只是成功的开始，行动才是成功的关键。

——佚名

人生因梦想才伟大，因行动而成功，目标和行动应完美结合在一起。

——佚名

心怀梦想奋勇向前，摔倒了就站起来，失败了就再努力，心中的希望不要磨灭，我相信明天会更好。

——佚名

无论自己多么平凡，也会拥有属于自己的幸福，人生的风景因努力而美。

——佚名

生活很累，但比我努力的人还在努力，我有什么资格说放弃！

——佚名

人生就是不断进阶的过程，一步一个脚印，目标在升级，梦想在拉近，格局在放大，内心无比坚定且带光芒，温暖自己也照亮别人。

——佚名

人生没有一帆风顺，只有风雨兼程，在逆境中崛起，在挫折中前行，用微笑面对苦难，用坚强战胜懦弱，相信自己，你比想象中更强大，未来因你而璀璨。

——佚名

时光会见证一路的成长与收获，我们终将活成自己曾经梦想过的模样。

——佚名

目标明确，脚踏实地，才有机遇垂青；奋发努力，积极进取，才有精彩呈现；

持之以恒，信心坚定，才有
曙光出现；吃苦耐劳，勇往
直前，才会取得成功！

　　——佚名

　　你的努力别人不一定放
在眼里，你不努力别人一定
放在心里。

　　——佚名

　　努力不一定改变人生，
但改变人生必须努力。

　　——佚名

　　为希望前进，为梦想勇
敢，为孤独拼搏，为成功坚持，
为信仰不懈，为美好付出，
为幸福奋斗，为自己而活。

　　——佚名

　　人生真正的赢家，是在
勤奋中充实生活，战胜自己

的惰性，变得勤奋，人生就
赢了。

　　——佚名

　　勤是一种坚持，一种品
质，一种修养，更是一种能力，
是成功的捷径。

　　——佚名

　　带着你的实力实现自己
的梦想，敢于创造机会，不
要荒废时光，人生无法后悔。

　　——佚名

　　只有拼搏才能成就梦想，
人生就要敢闯敢干，只有拼
出来的精彩，没有坐等其成
的辉煌。

　　——佚名

　　要努力，但不要着急，
滴水能穿石，不是瞬间的爆

发，是因为它永远在坚持。

——佚名

不管结局是否完美，至少享受过拼搏的过程，便是人生的胜者！

——佚名

人不一定要赢，但绝不能输给从前的自己，撑好伞，迈好步，不入歧途，不忘归路。

——佚名

既然不屑为伍，何惧与众不同？人总要沉淀下来，过一段宁静自省的日子。

——佚名

我们应该像狼一样，坚持走自己的路，不放弃追求自己的梦想。

——佚名

现在的努力，是为了以后不求别人，实力是最强的底气，活着不是靠泪水博得同情，而是靠汗水赢得掌声。

——佚名

不管前方的路有多难，只要走的方向正确，不管多么崎岖不平，都比在原地踏步更接近幸福。

——佚名

人生那么长，总要用力拼搏一次，明天不一定更好，但更好的明天一定会来！

——佚名

一旦选准自己要走的道路，就勇敢地走下去，再难也要坚持，再远也不要放弃。

——佚名

一分耕耘未必有一分收获，但九分耕耘一定会有一分收获。天道酬勤，越努力越幸运。

——佚名

努力并不是做给哪个人看，也不是为了感动谁，而是要让自己随时有能力跳出自己厌恶的圈子，并且拥有更多的选择权。

——佚名

以自己喜欢的方式，去过自己想要的生活，让自己的人生少一些遗憾。

——佚名

努力与上进，并非作秀给他人，而是为了不负自己，不枉此生。

——佚名

自弃者扶不起，自强者打不倒，这个世界上没有什么可以真正将你击倒，除非你放弃。

——佚名

天行健，君子以自强不息。未来的路还很长，敢拼搏，能自立，成为内心强大的人。

——佚名

同频者可共事，同趣者能相惜，同道者可共谋，理念一致者方能同行。携手并非只为利益，而是为了能在巅峰相遇。

——佚名

勤奋的人按时起床，乐观的人充满希望，努力的人超越梦想，正能量的人自带光芒。别管未来会怎样，命运在自己手中，不要轻易放弃，跌倒失败有何惧？只要干不死，就往死里干。

——佚名

世上没有白费的努力，也没有碰巧的成功。

——佚名

一切无心插柳，其实都是水到渠成。

——佚名

人生没有白走的路，也没有白吃的苦，当下跨出的每一步，都是未来的基础与铺垫。

——佚名

深山总会有路，绝境也会重生。

——佚名

成功的人懂得熬，失败的人懂得逃。

——佚名

弱者一味抱怨，不断沉沦。强者沉默不语，逆流而上。智者改变思维，另辟蹊径。

——佚名

强者务其时，弱者争其名。任何信手拈来的从容，都是厚积薄发的沉淀。

——佚名

努力很难，如果不努力就会一直难。

——佚名

与其担心未来，不如努力现在。

——佚名

你所羡慕的一切，背后藏着多少不为人知的心酸与努力。

——佚名

来日并不方长，请努力成为自己想成为的模样。

——佚名

生活有望穿秋水的等待，也会有意想不到的惊喜。

——佚名

鼓起勇气说再见，便会被奖励新的开始。

——佚名

一切的扎根都是为了更好地成长。

——佚名

须知少时凌云志，曾许人间第一流。

——佚名

每一个普通的改变，都将改变普通。

——佚名

心有所期，全力以赴，定有所成。

——佚名

那些看似不起波澜的日复一日，会突然在某一天，让人看到坚持的意义。

——佚名

人生最好的作品是自己，不要跟别人解释自己，不管生活多么辛苦，相信自己，努力面对，即使慢慢地航行，也总会到达目的地。

——佚名

不要停止奔跑，不要回顾来路，来路无可眷恋，值得期待的只有前方。

——佚名

把耐心留住，惊喜会慢慢酝酿而出。

——佚名

要善良，要勇敢，要像星星一样努力发光。

——佚名

新的一年，定会有始料不及的运气，也会有突如其来的惊喜。

——佚名

用汗水浇灌梦想，用坚持铸就辉煌。

——佚名

相信自己，你就是最坚实的依靠，定能绽放属于自己的光芒。

——佚名

奋斗没有终点，努力更没有起点，只要还有明天，今天永远是起跑线。

——佚名

一个人只要肯努力，不管再苦再累，都不丧失自己的目标，不堕落自己的价值，穷也不怕，富也能承载，那么你的人生，无非就是两种结果：年轻有为和大器晚成。

——佚名

信心是成功的开始，恒心是成功的方法。

——佚名

树的方向由风决定，人的方向由自己决定。你不扬帆，没人替你启航。

——佚名

你不走出去，家就是你的世界；你走出去，世界就是你的家。

——佚名

人的潜力是无限的，安于现状就注定被淘汰，人生就要逼自己一把，要不断突破自我。你可以什么都没有，但是不能没有野心和斗志。

——佚名

昨天是段历史，明天是个谜团，而今天是天赐的礼物，像珍惜礼物那样珍惜今天。

——佚名

对于不可控的事情，我们要保持乐观和自信，对于可控的事情，我们要保持谨慎和节制。

——佚名

要努力,但是不要着急，繁花锦簇、硕果累累都需要过程。

——佚名

不要太安逸而过早放弃，在没有人看到的地方去努力，坚持早起，坚持学习，坚持运动,努力遇见更好的自己。

——佚名

千万不要放弃，最好的东西总会压轴出场。

——佚名

竭尽全力，才知道自己

所有你们不相信的事情我都要
一一地去做一遍，
亲自体验一下不可理喻的成功，
或早已注定的失败。

有多么出色。

——佚名

你间歇性地努力和蒙混过日子，都是对之前努力的清零。

——佚名

就怕你一生碌碌无为，还要安慰自己平凡最可贵。

——佚名

可以失败，不可以失志；可以失望，不可以绝望。

——佚名

哪怕只有一点点光，都要满怀希望。

——佚名

知世故而不世故，历圆滑而弥天真，善自嘲而不嘲

人，处江湖而远江湖。

——佚名

只有尽力了，才有资格说运气不好。

——佚名

没有那么多天赋异禀，优秀的人总是努力翻山越岭。

——佚名

纵有疾风起，人生不言弃。

——佚名

这世上的自由千百种，唯有抵达内心的自由最自由。

——佚名

静中无妄念，忙里有欢喜，度四季，也度自己。

——佚名

忙是治疗一切的良药，不做白日梦，不胡思乱想，不等着天上掉馅饼，不想着你到底爱不爱我……

——佚名

酒可消愁，酒能助兴，茶可清心，茶能养性。

——佚名

分得清、辨得明，生活就是偶尔装装糊涂，控制好情绪，心里头淡定。

——佚名

小儿嬉戏，不知人间疾苦，老者欢愉，那是知人间疾苦而惜眼前光阴。

——佚名

哪个人的生活不是一地鸡毛？只是我们知道，活在当下才最重要。

——佚名

天赋可以让一个人闪闪发光，但努力才能让一个人持续发光。

——佚名

人是不会愧疚的，遇见好的，谁还记得你是谁，怀念的本质就是当下过得不如意。

——佚名

一旦决定了，那就是最好的决定，坚定的心态让你熠熠生辉。

一旦发生了，那就是最好的发生，无忧无怨的心态让你轻盈清爽。

——佚名

看喜欢的风景，做喜欢的事。

——佚名

为什么要改变？因为我们相信还有更好的可能。

为什么能改变？因为越年轻的灵魂就越有勇气的光，而勇气是人类最稀缺的美德。

——佚名

只有坚持别人无法坚持的坚持，才能拥有别人无法拥有的拥有。

——佚名

人总要沉下心来，调整好状态，砥砺前行，成为一个温柔又强大的人。

——佚名

人的放纵是本能，自律才是修行，短时间能够让你感到快乐的东西，一定能够让你感到痛苦。反之，那些让你感到痛苦的东西，最终都能让你功成名就。

——佚名

记住，低级的欲望放纵即可获得，而高级的欲望需要克制才能得到。

——佚名

我唯一视为真理的就是，一切都会过去的，在今后的日子里，取悦自己才是生活的解药。

——佚名

事常与人违，事总在人为。

——佚名

所有的努力，
不是为了让别人觉得你了不起，
而是为了能让自己打心里看得起。

一锹挖不成水井，一天盖不成罗马城。

——佚名

努力吧，只有站在足够的高度才有资格被仰望。

——佚名

此刻很痛苦，等过阵子回头看看，会发现其实那都不算事。

——佚名

生命不是要超越别人，而是要超越自己。

——佚名

常勤精进,譬如水长流,则能穿石。

——佚名

向你的美好的希冀和追求撒开网吧！九百九十九次落空了，还有第一千次呢？

——佚名

贵在坚持，难在坚持，成在坚持。

——佚名

在人生的道路上，成功的秘诀在于持之以恒，锲而不舍，失败的教训在于疲疲沓沓，抓而不紧。

——佚名

挫折是块磨刀石，把强者磨得更加坚强，把弱者磨得更加脆弱。

——佚名

把一切失望和沮丧都抛弃,成功之路就在你的脚下。

——佚名

只要路是对的，就不怕路远。

——佚名

金鱼悠然自得地在精致的玻璃缸里游来游去，它永远享受不到战胜风浪后的快乐。

——佚名

不同的信念，决定不同的命运。

——佚名

成功是一把梯子，双手插在口袋里的人是爬不上去的。

——佚名

梦想是每个人与生俱存的财富，也是每个人最后的希望。即便什么都没有了，只要还有梦想，就能够卷土重来。

——佚名

06

Transparent

通透

自洽地，接住生命抛来的所有未知

想不开的就不想，得不到的就不要。

我们在喂养身体时，也必须喂养我们的精神，身体和精神，

应当同时端坐在同一张餐桌上。

把自己重养一遍，保持热爱，奔赴山海。

清醒着，找到滋养自己的亲密关系。

让你笑的人，才配得上
你的余生。

——陈果

读书也好，工作也好，
反正推不掉、卸不脱，不如
索性做好它。即使处理芝麻
绿豆大的琐事，都高高兴兴、
爽爽快快。

——亦舒

幸福：一是睡在家的床
上，二是吃父母做的饭菜，
三是听爱人给你说情话，四
是跟孩子做游戏。

——林语堂

从小就被教育，要爱这
个要爱那个。其实很简单，
在你最困难的时候谁爱你，
你就爱谁。

——莫言

这个世界上的恶人都是
被庶人惯出来的。

——拿破仑·波拿巴

在喜欢你的人那里，去
热爱生活；在不喜欢你的人
那里，去看清世界。

——莫言

人生中最痛的一课，永
远是那个你不设防的人给你
上的。

——让－保罗·萨特

那些视金钱如粪土的人，
我就最瞧不起，他们不是伪
君子就是傻瓜。

——威廉·萨默塞特·毛姆

不够真诚是危险的，太
过真诚是致命的。

——奥斯卡·王尔德

唾手可得的东西，没人会珍惜，恰到好处的冷漠，反而让人心生欢喜。

——戴尔·卡耐基

肉体是每个人的神殿，不管里面供奉的是什么，都应该好好保持它的强韧、美丽和清洁。

——村上春树

如果你想造一艘船，不要抓一批人来搜集材料，不要指挥他们做这个做那个，你只要教他们如何渴望大海就够了。

——安托万·德·圣-埃克苏佩里《小王子》

人际关系需要吸引，而不是讨好。

——彼得·德鲁克

我可以否认一样东西，但不一定非得诋毁它，或者剥夺别人相信的权利。

——阿尔贝·加缪

我年轻时以为金钱就是一切，而今年事已迈，发现果真如此。

——奥斯卡·王尔德

你对一丁点儿的善意，总是报以过分的感激，这是缺乏安全感的表现。

——本杰明·格雷厄姆

你说，这屋子太暗，须在这里开一个窗，大家一定不允许的。但如果你主张拆掉屋顶，他们就来调和，愿意开窗了。

——鲁迅《无声的中国》

我与岁月一样，言不由衷；
岁月与我一样，说来话长。

196

这世界上有两样东西不可直视：一是太阳，二是人心。

——东野圭吾

情商就是让别人舒服，但一定是利己的，如果你让别人舒服，自己却很痛苦，那不叫情商，叫愚蠢。

——戴尔·卡耐基

人，原本是用来爱的；钱，原本是拿来用的。这个世界之所以会一团糟，就是因为：钱，被拿来爱了；人，被拿来用了。

——莫言

知道痛苦的价值的人，不会轻易向别人泄露和展示自己的痛苦，哪怕是最亲近的人。

——周国平

单是聪明还不够，还应有足够的聪明以避免过分聪明。

——安德烈·莫洛瓦

人类之所以有进步，主要原因是下一代不怎么听上一代的话。

——倪匡

老好人最像的是天上的神。第一，适合对其讲述欢喜；第二，适合对之倾诉不幸；第三，可有可无。

——芥川龙之介

我绝不会为我的信仰而献身，因为我可能是错的。

——伯特兰·阿瑟·威廉·罗素

人性的本质就是，你越是做事果断，我行我素，不服就干，就越有人欣赏你。你越是老实善良，百依百顺，胆小怕事，就越是有人欺负你。

——莫言

人就像寒冬里的刺猬，靠得太近会痛，离得太远会冷。

——阿图尔·叔本华

平庸的人喜好与人交往，喜欢迁就别人。这是因为他们忍受别人，要比忍受他们自己来得更加容易。

——阿图尔·叔本华

有些人的恨是没有原因的，他们平庸、没有天分、碌碌无为，于是你的优秀、你的天赋、你的善良和幸福都是原罪。

——东野圭吾

个人喜好只能是在所有的敌人全部都被消灭后，你才能拥有的奢侈品。在那之前，你所爱的所有人都只是人质，逐渐消耗你的勇气，破坏你的判断力。

——奥森·斯科特·卡德《帝国》

最聪明的处世法是：既对世俗投以白眼，又与其同流合污。

——芥川龙之介

爱是一场博弈，必须保持永远与对方不分伯仲、势均力敌，才能长此以往地相依相息。因为过强的对手让人疲惫，太弱的对手令人厌倦。

——夏洛蒂·勃朗特《简·爱》

你问人问题，她若答非所问，便已是答了，无须再问。

——木心《素履之往》

爱情本来并不复杂，来来去去不过三个字，不是我爱你、我恨你，便是算了吧、你好吗、对不起。

——张爱玲

被爱的任性，是对那个爱我的人撒娇；孤单的任性，不过就是我对自己撒娇。

——张小娴

说要等"对的人"的时候，自己可能也不知道怎样才是对的人，只有当那个人出现，你才会知道，他应该就是那个对的人，他在你生命中出现，是为了圆满你，也让你完善自己。所有你爱过的那些错的人，虽不圆满你，却也完善了你；他是你的磨难，却也是你的磨炼。

——张小娴

爱情就是为了追寻幸福啊，不幸福为什么要在一起？不合适又怎会幸福呢？我对合适的理解是，你和这个人在一起觉得很舒服和自在，不需要扭曲或委屈自己去迁就对方。

——张小娴

离别对于爱情，就像风对于火一样：它熄灭了火星，但却能煽起狂焰。

——阿丽娜·卡巴耶娃

如果一个姑娘想嫁给富翁，那就不是爱情，财产是最无足轻重的东西，只有经得起别离的痛苦才是真正的爱情。

——列夫·尼古拉耶维奇·托尔斯泰

不要一见钟情。

——英国谚语

美人并不个个可爱，有些只是悦目而醉心。假如见到一个美人就痴情颠倒，这颗心就乱了，永远定不下来。因为美人多得数不尽，他的爱情就茫茫无归宿了。

——米格尔·德·塞万提斯·萨维德拉

其实假装的爱情比真实的爱情还要完美，这就是为什么很多女人都受骗了。

——奥诺雷·德·巴尔扎克

买一束花给自己，走过长街小巷，看阴晴圆缺、花开花谢，淡定过日子。

——张小娴

安守一颗平常心，人生才能笑看风云。每个人都有自己的事要做，一个真正聪明的人，小事糊涂而大事睿智，为人低调而洞若观火。做人如水，以柔克刚。只有那些以不争为争的人，才能笑到最后，成为真正的赢家。

——一禅小和尚

说话别嚷，小声说；说话别急，想着说；说话别直，拐弯说；说话别贬，捧着说；说话别杠，商量说；说话别抢，让人说。

——一禅小和尚

时间经不起细算，过往经不起细看，
聚散总是无常，人生别来无恙。

人际交往高段位技巧：
热情、大方、一问三不知。

——弗兰克·赫伯特

我年纪还轻、阅历不深的时候，我父亲教导过我一句话，我至今还念念不忘。"每逢你想要批评任何人的时候，"他对我说，"你就记住，这个世界上所有的人，并不是个个都有过你拥有的那些优越条件。"

——弗朗西斯·斯科特·基·菲茨杰拉德《了不起的盖茨比》

和人世间那些热气腾腾的朋友在一起吧，是他们把你的生活搞得如闹市，奋力把你从不敢求助的孤独里拽出来，拥着你向前走，他们让你在日常的冷寂里感受到

年节的暖。你不敢说谢谢，但你知道人生花团锦簇，某一刻终于和自己有关。

——夏尔·皮埃尔·波德莱尔《巴黎的忧郁》

能不传话，最好不要传话；能不套话，最好不要套话；能不涉入"背后的批评"，最好不要涉入。让自己像沙滩，多大的浪来了，也是轻抚着沙滩，一波波地退去。而不要像岩石，使小小的浪，也激起高高的水花。

——刘墉《我不是教你诈》

我们习惯把幸福理解为有车有房、有钱有权，其实真正的幸福应该是无忧无虑、无病无灾。一生所想不过饱餐和被爱，一生所求不过温暖与良人，一生所梦不过幸

福和快乐，一生所愿不过平安和健康。

——佚名

你的好对别人来说，就像是一颗糖，吃了就没有了。你的坏对别人来说，就像是一道疤，留下了就永远存在。这就是人性。

——佚名

在自己弱小而没有话语权的时候，少表达自己的看法。

——佚名

对于利益相关的人，要展示你的实力和智力；对于利益不相关的人，展示你的礼貌就好。

——佚名

不要像个落难者，告诉

所有人你的不幸。总有一天你会明白，你的委屈要自己消化，真正理解你的没有几个，大多数人会站在他们自己的立场，偷看你的笑话。你能做的就是，把秘密藏起来，然后一步一步变得越来越强大。

——佚名

选择和谁结婚，真的不一样。有人会成为你的光，有人会把你世界的光全部熄灭，如果你的脾气越来越差，未必是你性格变差了，而是遇到了不理解你、不体谅你的人。

——佚名

生活的苦累算什么，缺钱才是一个成年人崩溃的开始，没有钱的支撑，爱你的人也会离开你，生活给你一巴掌，你根本无力回击。

——佚名

长大以后才发觉，有时候你说了真话，你还得和别人道歉，因为你戳穿了事实。所以想要活得顺畅，请时刻带上大脑。

——佚名

不要怪罪世界现实，让自己强大才是给自己最好的安全感。

——佚名

人生中，有两件事能让你瞬间长大：一个是失去你最爱的人，一个是失去最爱你的人。

——佚名

所谓的通透，是指当你看到人性逐渐显露时，你的内心依然能够保持平静和坦然。

——佚名

一个样样都不如你的人，你对他越尊重，他越会对你好。

——佚名

人与人最好的关系，是不远不近的关系，任何人走得太近，都会是一场灾难。

——佚名

别把自己太当回事，该干啥干啥，你没那么多观众，没人在乎你笑得丑不丑。

——佚名

能找陌生人花钱解决的事情，就不要找熟人。

——佚名

所谓见过世面，不是去某个高级餐厅吃顿饭，也不是去世界各地旅行了一圈，而是当人性在你面前徐徐展开的时候，你的那份宁静坦然。

——杨绛

你越想改变别人，可能会越适得其反，不如理解、接纳、彼此尊重，岂不是更好？

——佚名

想骂人但忍住了，这叫有本事；不愿意做的事，把它做好了，这叫有能力；你看他不顺眼，但还能平等对待他，这叫有修为。

——佚名

在你眼中过于完美的人，不能做朋友，因为他并没有把你当自己人。

——佚名

人，永远不会珍惜三种人：轻易得到的，永远不会离开的，那个一直对你很好的。但是，往往这三种人一旦离开，就永远不会再回来。

——佚名

不要把自己和家人的弱点、痛点暴露给任何人，一旦发生利益冲突，深知你弱点和底牌的人，一定会在你的伤口上疯狂撒盐。

——佚名

无论什么关系，人品不过关，留在身边终是祸患，没有例外。

——佚名

可遇，可望，可期；
想开，看开，放开。
边修，边悟，边行；
阅己，悦己，越己。

过分宽容，只会助长嚣张气焰；一味退让，只会换来步步紧逼。你所遇之"恶"，往往由你的"软"滋养。

——佚名

人情世故就是让别人爽，让对方觉得你值得信赖。只要他爽了一次，就会想第二次。

——佚名

结交太多三观不同的人，只会把自己搞得越来越累，最后迷失自己。

——佚名

人是无法长期相处的生物，因为我们心里住着魔鬼。热烈后平淡，厌倦后挑剔，争执后冷漠，最后终于来到那扇必经的大门前。有人踟蹰不前，有人一拍两散，只

有很少人坚定地穿行而过。

——佚名

找对象，尽量找那些家庭幸福的，因为幸福也是有传承的。

——佚名

优先考虑那些考虑你的人，优先在乎那些在乎你的人。

——佚名

不要掺和任何人的个人情感问题，劝和、劝离都不合适，搞不好，你里外不是人。

——佚名

如果你给别人一颗糖，他立马回你一颗枣，说明他是一个极不喜欢欠人情的人，这样的人很适合当合作伙伴。

——佚名

与凤凰同飞，必是俊鸟。与虎狼同行，必是猛兽。与智者同行，会不同凡响。与高人为伍，能登上巅峰。鸟随鸾凤飞腾远，人伴贤良品自高。

——佚名

不要随便给别人出主意，成了，你不一定有功；败了，你一定有错。

——佚名

不要在心情不好的时候做重大决定，这时你做的决定，十有八九都是错的。

——佚名

愤怒的时候，离别人远点，这时候你说的每句话都是心里话，很容易被有心人利用。

——佚名

话再漂亮，不守承诺也是枉然。感情再好不懂珍惜也是徒劳。比起心动，我更喜欢心安。年纪大了，只喜欢有结果的事和说话算话的人。

——佚名

旅游回来，不要主动说出去，你分享的是快乐，别人听到的是炫耀。

——佚名

真正想送你东西的人，不会问你要不要。有人问你要不要的时候，最好拒绝。

——佚名

真正看不起你的人，是不会批评你的，他只会看着你在错误的路上越走越远。

——佚名

当众赞美你的人，不一定是真的对你好，但是私下给你建议的人，往往最真诚。

——佚名

话少的人，往往是两个极端，要么真的简单，要么深不可测。

——佚名

不要对任何人抱有任何道德洁癖的期望，每个人都有劣性。

——佚名

要学会背后夸别人，当传到他耳朵后，你们的关系就会越来越好。

——佚名

人和人最好的关系，就是没有关系，不远不近的关系，适合任何感情。

——佚名

除了父母、孩子、夫妻之间的事，其他人的事少参与，参与太多就是多管闲事。

——佚名

借别人一块钱也要还上，一块钱也有可能决定你们以后的关系。

——佚名

将请人吃一顿 2000 块的大餐，换成请人吃 10 次 200 块钱的大餐。

——佚名

帮助过你的人，对他好一点，因为有机会，他还会帮助你。

——佚名

别花时间陪嫌弃你的人，别嫌弃花时间陪你的人；别原谅一直辜负你的人，别辜负一直原谅你的人。

——佚名

不要轻易去纠正别人，更不要随便给别人意见和建议，聪明的人不需要，固执的人不会听。

——佚名

没有爽快答应，就是拒绝。

——佚名

真诚这张牌，加上任何一张都是王炸，唯独不能单出，单出就是死牌。

——佚名

不要总跟那两三个同事聊天，要懂得多和不同的同事聊天，这叫信息交换。

——佚名

当你的认知超越了大多数人的时候，你绝对不是一个很受欢迎的人。

——佚名

永远别让任何人从你这里免费得到任何东西，因为免费的没人珍惜。

——佚名

盲人一旦恢复视力，第一件事就是扔掉他手中的拐杖，即使这根拐杖帮助过他很多。

——佚名

把丑话说在前面，好过把麻烦留在后面。

——佚名

你归来是诗，离去成词，
且笑风尘不敢造次。
我糟糠能食，粗衣也认，
煮酒话桑不敢相思。

人这一生，只需要相信三个人：把你养大的人；在你跌倒时扶你起来的人；在你一无所有的时候，依然对你不离不弃的人。
——佚名

你对别人的好，他不一定会记住，但你对他的坏，他会记一辈子。
——佚名

交浅切勿言深，话不管多有道理，都不要对别人说太深，点到为止即可。
——佚名

别人说话没有人接，你能回应一句，别人就会很感激。

聊天的时候，突然别人不说话了，要学会换一个话题。
——佚名

知人不评人，知事不声张。
——佚名

遇到比你强的人，学他三分；遇到不如你的人，帮他三分。
——佚名

帮过别人的忙，马上忘，天天挂在嘴边，这个忙真的就是白帮了。
——佚名

自己不掏钱、不出力的事情，尽量不要发表意见。
——佚名

人是变化的，朋友是流动的，走的人就让他走吧。
——佚名

劝你别喝酒的人，一定很爱你，陪你喝酒的人，一定很懂你，如果是同一人，何其有幸。

——佚名

做人不能太精明，事事都精明的话，你就没有朋友了，别人还会处处防着你。

——佚名

你相信了一个人，可能仅仅因为对方说了你想听的话。

——佚名

你和某人相处很愉快，觉得他很懂你，不是你遇到了知己，而是他情商高，在向下兼容你。

——佚名

份子钱送的越多，关系

反而越容易出问题，并不是每个人都富有。

——佚名

和人交心要慢一点，再慢一点；和人绝交要快一点，再快一点。

——佚名

帮助朋友如果太频繁，你会发现，他连一句谢谢都不会说了。

——佚名

他是放羊的，你是砍柴的，你们聊了一下午，他的羊吃饱了，你的柴呢？

——佚名

不要轻易许诺，许下的诺言就是欠下的债。

——佚名

借钱时赌咒发誓，不借。

平时不联系，联系就借钱，不借。

借急不借穷，救急不救贫，人品不好，不借。

——佚名

在公司里议论某个同事，基本就相当于在他本人面前议论他，一定会传到他耳朵里。

——佚名

别人已经买回来的东西，问你意见，你都要说很好，不要真的去提意见。

——佚名

混得好的人在你面前哭穷，其实就是告诉你，别找他借钱。

——佚名

真正有智慧的人，早把自己调成了静音模式。

——佚名

AA制的朋友聚餐，没有压力、轻松愉快，会让友谊更加长久。

——佚名

谈对象的时候，自己有多少个前任，只能自己知道。

——佚名

不要随便接受别人的礼物，任何一个礼物，都有它的目的性。

——佚名

如果想证明某人错了，不要去做结论，而是要提出问题。

——佚名

别人稍微关心一下你，你就敞开心扉，这不是坦诚，是孤独。

——佚名

刨根问底的打听，绝对不是关心。

——佚名

如果有一天，爱真的走到了尽头，
请不要争执，也不要哭闹，
人生何其短，要笑得格外甜，
不要纠结过往，不要犹豫未来。
总有一个人，让你一眼万年，
用三生烟火，还你半世迷离。
愿你懂得放下，活得自在，
如果事与愿违，请相信另有安排，
所有的失去，都将以另一种方式归来。

——杨绛